原點

日本金獎景觀大師給你

住宅造園完全解剖書

園三 著

嚴可婷 譯

緑のデザイン

住まいと引き立てあう設計手法

前言

走在路上時，偶爾會遇到某些住宅的庭院，這些空間不僅氣氛優美，而且與住宅本身相得益彰。這種「感覺很舒服」的氣氛，我想是來自庭院與住宅本身的規模相襯，安排了合宜且恰到好處的植栽。這樣的空間，也令人感受到屋主對於綠意的喜愛。

如果仔細觀察，不難發現這樣的庭院由許多要素構成。譬如，對樹木的選擇可以彰顯出室內外的連貫性、庭園的邊界與縱深；藉由植栽配置與陽光灑落的葉影，就能安排出款待訪客的合宜動線以及令人目不暇給的連續場景。低矮的花草類及灌木，在賞心悅目的同時也融入街景，成為街道的一部分；而在庭園中感受植栽香氣與味道、聆聽庭園裡的各種聲音，還有踏在地面的觸感，都成為日常生活場景一隅。由這些要素構成的庭院充滿魅力，不僅朝外的部分有助於美化街景，面向房屋的這一面也會日日陪伴居住者度過充盈美好的時光。撰寫這本書，除了解開「庭園中，到底是什麼讓人感覺很舒服？」這個提問的謎底，點出各種必備要素，也從各種角度解說庭園空間的構成。

本書收錄的24個庭院實例，雖然是由擔任造園設計師的作者所規劃，但是實際打造庭院的人不僅是造園設計者；為住宅設計庭院的造園師角色，必須思考要為建築師精心安排的空間亮點搭配什麼樣的植栽、讓庭院的主人在這樣的背景獲得什麼樣的體驗，並具體呈現出來。也就是說，讓建築師與業主認同庭院是居住空間的一部分，由建築、庭院、居住者這三者共同發揮作用，讓帶有庭院的住宅生活所能展現的富足場景更具體成形。

希望這本書能提供給設計住宅的建築師與造園工程的相關從業人員一些實際參考案例，來思考庭院與建築如何相得益彰，並解讀其中構成的要素。

如果能讓擁有家屋的讀者看到綠意盎然且多樣化的生活空間，進而發現自己的生活可以透過什麼樣的要素變得更充裕舒適，我將感到無比喜悅。

第一章中，將透過豐富的照片與平面圖，表現出起居室與庭院之間的關係，詳細介紹24個實例；並以「掌握比例」、「深刻體驗」、「回歸建地本身」、「向街道開放的庭院」這四大分類為開端，請大家試著從自己感興趣的類別開始閱讀。庭院的整體構成要素與魅力，原本就無法以單一詞彙涵蓋，為了讓大家更容易瞭解每個庭院的特性，本書也整理出「象徵各種舉動的符號」。

👀	**觀賞**	打造從室內或路徑可以欣賞的綠意。
👣	**步行**	體驗散步的樂趣。
🦻	**聆聽**	安排水滴落在水盤上的聲音。
👃	**嗅聞**	一年四季享受花草樹木的香氣。
🍴	**食用**	種植可供食用的植物花園，以香草或樹木的果實讓餐桌更豐富。

接下來在第二章，將介紹實際打造庭院時所需的技術方法、材料與工程。除了庭院設計主要的流程，也含括與屋主的對話、種植在庭院內各種樹木的角色；選擇石材與灌木、樹下花草、地被植物的方法等，希望充分涵蓋設計庭院時必須思考的各種條件。

如果各位在讀完這本書時，能夠開始想「要是我的話，可能會這樣安排」，並獲得庭院設計的靈感，甚至能讓城市裡的綠意多少增加一些，那將是我的榮幸。

2020年8月　園三

第二章　不失敗造園術　　　　　　　　　　　　　　　162

第 1 章

與建築物
互相襯托的
造園設計

在第一章，將以4個單元來介紹24個庭院設計的實例。

在「掌握比例」單元，著重於建築空間的縱深與連貫性、劃分界線等要點；在「深刻體驗」單元，則強調不僅用眼睛來欣賞草木，更可藉由五感來享受的庭院之美；「回歸建地本身」單元，介紹的是能發揮出住宅位置或設計概念優點的個案；而在「向街道開放的庭院」單元，則收錄為周遭環境提供綠意，融入成為街景一部分的案例。

梣樹

日本山櫻

雞爪楓

在坡地創造立體的散步體驗

這個案例是建於市中心寧靜住宅區的週末別屋。由於
建地東側鄰接綠地公園，在屋裡就能欣賞公園裡的樹
木。整塊建地都屬於較陡的坡地，所以規劃了包括一
樓立面的庭院、一樓的主庭，通往二樓的露地庭院、
二樓內側的陽台露地，以及從三樓開放式廚房眺望的
綠地。從位於二樓的兩塊露地，可以直接眺望公園裡
的群樹。

HX-villa

所在地：愛知縣名古屋市
構造／樓層：地下＋地上二層樓
家庭人數：4人
完工：2016年
基地面積：499.93㎡
建築面積：149.92㎡
建築設計：建築設計室arstudio

CASE 01 —

雞爪槭

日光冷杉

紫薇樹

桄樹

具柄冬青

雞爪槭

桄樹

蠟瓣花

造景石

玉龍草

蠟瓣花

光是立面就讓人對鋼筋混凝土牆後的植栽充滿想像。©arstudio.co.jp

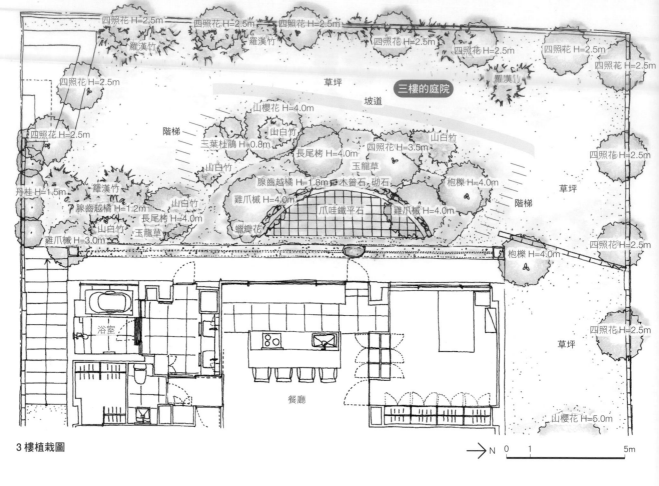

3 樓植栽圖

四照花 H=2.5m
四照花 H=2.5m
四照花 H=2.5m
四照花 H=2.5m
四照花 H=2.5m
四照花 H=2.5m
四照花 H=2.5m
羅漢竹
羅漢竹
羅漢竹
草坪
坡道
三樓的庭院
四照花 H=2.5m
山櫻花 H=4.0m
階梯
山白竹
三葉杜鵑 H=0.8m
山白竹
四照花 H=3.5m
四照花 H=2.5m
山白竹
長尾栲 H=4.0m
玉龍草
草坪
丹桂 H=1.5m
羅漢竹
腺齒越橘 H=1.8m
木曾石、砌石
枹櫟 H=4.0m
階梯
腺齒越橘 H=1.2m
山白竹
雞爪槭 H=4.0m
爪哇鐵平石
雞爪槭 H=4.0m
山白竹
長尾栲 H=4.0m
玉龍草
蠟瓣花
枹櫟 H=4.0m
四照花 H=2.5m
雞爪槭 H=3.0m
浴室
餐廳
草坪
山櫻花 H=5.0m

N 0 1 5m

1 樓植栽圖

整體平面圖

草坪
大山櫻 H=5.0m
山白竹
二樓的庭院
擋土牆、木曾石
山白竹
玉龍草
草坪
大紅葉槭 H=6.5m
腺齒越橘 H=2.5m
小隈笹
垂絲衛矛 H=2.5m
小隈笹
木曾石、烏樟 H=1.8m
雞爪槭 H=6.0m
玉龍草
木曾石、自然石堆砌
保留斷口原貌的御影石
腺齒越橘 H=2.5m
山白竹
吉祥草
垂絲衛矛 H=2.5m
擺放公事包的石頭
雞爪槭 H=4.0m
紫薇樹 H=5.0m
吉祥草
一樓的主庭
垂絲衛矛 H=3.0m
日本山櫻 H=4.5m
蠟瓣花
栲樹 H=4.5m
日光冷杉 H=4.0m
玉龍草
蠟瓣花
栲樹 H=4.0m
蠟瓣花
具柄冬青 H=3.0m
雞爪槭 H=4.0m
栲樹 H=3.5m
玉龍草

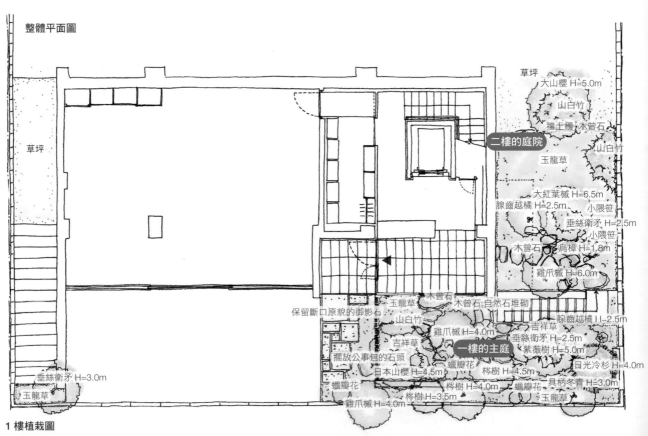

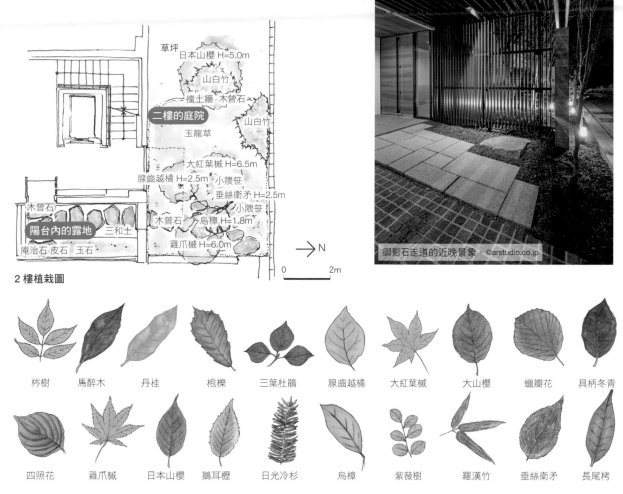

草坪
日本山櫻 H=5.0m
山白竹
擋土牆 · 木曾石
二樓的庭院
玉龍草
山白竹
大紅葉槭 H=6.5m
腺齒越橘 H=2.5m 小隈笹
垂絲衛矛 H=2.5m
木曾石 烏樟 H=1.8m 小隈笹
雞爪槭 H=6.0m

木曾石
陽台內的露地 三和土
庵治石 皮石 玉石

→N

0   2m

2 樓植栽圖

御影石走道的近晚景象。©arstudio.co.jp

梣樹　馬醉木　丹桂　枹櫟　三葉杜鵑　腺齒越橘　大紅葉槭　大山櫻　蠟瓣花　具柄冬青

四照花　雞爪槭　日本山櫻　鵝耳櫪　日光冷杉　烏樟　紫薇樹　羅漢竹　垂絲衛矛　長尾栲

作為庭院主角的植栽

立面的庭院

沿道路交界處設計的植栽帶，讓景色更豐富

呈方形不規則排列的大片御影石。©arstudio.co.jp

遮蔽視線的鋼筋混凝土牆及屋子前的馬路間，設置約600mm的帶狀植栽區塊，就能形成綠意盎然的立面。喬木選擇了像**梣樹**、**雞爪槭**等樹形優美俐落的樹種；而四季常綠的**具柄冬青**能讓庭院到了冬天，也不會因為樹葉落盡顯得寂寥。另外，可以種植**蠟瓣花**等灌木，並在地面覆蓋**玉龍草**，搭配造景石。

在通往室內的通道則鋪上**御影石板**，使用包含450 × 450mm、300 × 600mm、300 × 300mm、900 × 600mm等尺寸進行方形不規則拼貼。一般慣用的**御影石板**尺寸多半是300 × 300mm或300 × 600mm，不過這次一方面與建築寬闊的立面相襯、同時也為了烘托氣勢，決定以尺寸較大的石板來搭配。

在**御影石**通道旁有一塊表面較平坦的大塊造景石，我們把它稱為「擱放公事包的石頭」，蘊含著「一旦來到這棟屬於週末時光的家，就請屋主忘卻工作、徹底放鬆」的訊息。

雞爪槭

日本山櫻

玉龍草

山白竹

　1樓的主庭｜可供欣賞樹影的露地。©arstudio.co.jp

日光冷杉

紫薇

山白竹

栲樹

造景石

吉祥草

蠟瓣花

活用坡地特色的雜木庭院

從玄關望向主庭。©arstudio.co.jp

日本山櫻

雞爪槭

從玄關可以直接望見的主庭，在隔開馬路與庭院的鋼筋混凝土牆外種植了高大的**日本山櫻**等樹木，牆內的樹木則為立面增添枝繁葉茂的景觀。彷彿包夾著這道牆似的，鄰接馬路的立面庭院也種植著高大的樹木，包括先前提到的**榉樹**、**雞爪槭**；內側的主庭院則以**日本山櫻**、**雞爪槭**、**榉樹**前後分佈，塑造出空間層次與立體感。從玄關可看到由數種高樹枝幹與樹影交織而成的風景，搭配用**惠那石**鋪設的踏腳石、以**玉龍草**作為地被植物，為露地打造沉穩的氣息。

從玄關可通往露地庭院，在欣賞庭院同時也可以走上斜坡、通往二樓，亦能提供客人出入使用。

高達4公尺的雞爪槭佇立在通道旁，
也成為一樓玄關的背景。
©arstudio.co.jp

配合建築物的開口，特別安排楓樹的景致

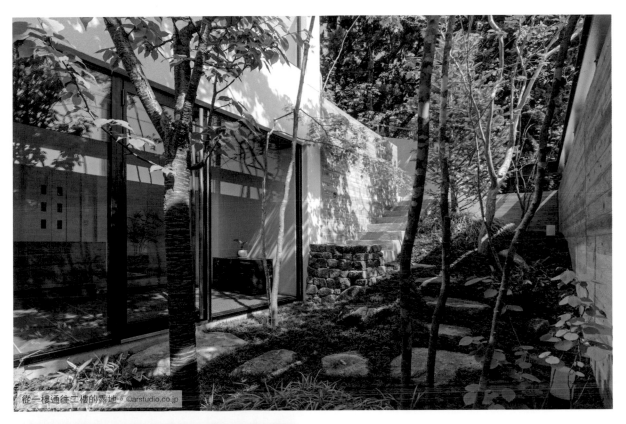

從一樓通往二樓的露地。©arstudio.co.jp

一樓通往二樓的露地庭院，以踏腳石鋪排到二樓入口。入口旁的大片落地窗能看見楓樹的根與低矮處的樹枝，還可以欣賞長在樹下的花草。從三樓的開口就能直接看見**楓樹**枝葉隨風搖曳、以及秋日紅葉的景致。庭院以**大紅葉槭**、**雞爪槭**、**腺齒越橘**、**垂絲衛矛**搭配，地被植物則選擇**玉龍草**，讓二樓與一樓的庭院形成連貫的空間。

鋪上踏腳石後，種植草木的斜坡背景前還有大片的留白空間，所以在這裡放置石燈籠，作為通往陽台露地途中的視覺焦點。

從面向二樓庭院的樓梯間可以看見大紅葉槭。
槭樹繁茂的枝葉伸展到跟三樓的天井一樣高
©arstudio.co.jp

種植在二樓庭院的大紅葉槭（右）高6.5公尺，令人印象深刻。 ©arstudio.co.jp

陽台內露地｜惠那石的踏腳石與三和土風格的土間等，充滿對質感的講究。
©arstudio.co.jp

陽台內露地

═ 連接庭院的陽台充滿餘韻

從二樓的庭院露地沿著踏腳石前進，穿過門後就是通往和室與佛堂的陽台露地。

在陽台露地，延伸從二樓斜坡庭院採用**惠那石**作為踏腳石的手法，增添和風意趣；陽台上以三和土風格構成的土間*也鋪排惠那石為踏腳石，呈現素材的連貫性。土間的表面經過搔刮，完工後似乎可以看出砂石原本的質地。屋主本身也很欣賞這種表面處理的效果，所以在二樓鋼筋混凝土樓梯的部分，也呈現同樣的質感。

由於陽台間正好有從屋頂垂下的落水鏈，所以在地上裝設承接雨水的水盤。水盤選用四國產的**庵治石皮石**（p.33）。皮石是從圓形岩石剝離下來的自然石，利用低窪部分盛水，就可以作為水盤。

*土間：日本傳統民家特有室內與室外的過渡空間，是在室內以三和土或泥地構成，不同於高起的木地板必須脫鞋踏入，土間是可以著鞋踏入，也往往作為穿脫鞋的地方。

以庵治石的皮石作為水盤。
©arstudio.co.jp

雞爪槭

雞爪槭

以木曾石原石自然堆疊的石牆

蠟瓣花

爪哇鐵平石

御影石走道的近晚景象。©arstudio.co.jp

開闢斜坡，擴張開放式廚房

在開放式廚房，可以透過窗景欣賞綠意盎然的斜坡。©arstudio.co.jp

擴展至山坡邊的三樓庭院，靈活地運用了陡坡的立體感。在這裡將坡地闢出半圓形的剖面，打造成露台，從三樓的廚房可以直接走到露台。闢出的坡地斜面用未經裁切的**木曾石**自然堆砌成扇形石牆，平坦的地面則鋪上**爪哇鐵平石**。露台兩側種植著**雞爪槭**，讓露台邊旁都能有枝葉點綴。從廚房裡就能欣賞**楓樹**枝伸展到露台的景致，走到露台抬頭也可以望見**楓樹**以天空為背景張垂的姿態。

另外，不只可以從室內眺賞坡地的樹景，踏上斜坡階梯或坡道，稍微走走也能一邊欣賞風景。如果在坡地設置階梯，整理庭院時也會更方便。這片坡地以草坪作為地被植物，讓背景看起更明亮，同時也搭配種植**玉龍草**與**山白竹**，特別讓二樓與一樓的庭院空間能串連延伸過來。

這裡配植的樹木包括**四照花**、**垂絲衛矛**、**枹櫟**、**長尾栲**、**雞爪槭**，依照業主的要求，也種植了羅漢竹。

藉由石塊堆砌出傾斜度約30度的扇形擋土牆，打造露台的平地。

位於坡地的露台剖面圖

CASE 02

連續延伸的平房,呈現若隱若現的效果

這棟木造平房座落在靜謐的住宅區,位於交叉路口旁;面向道路的立面設置了寬敞適意的庭院區塊,是配置有三個中庭的住宅。藉由石材,鋪設出庭院裡的路徑,形成高低錯落的景致。整幢建築物裡包含了玄關的中庭、浴室外的坪庭,以及由家中各空間圍成「コ」字形、從不同角度都可以眺賞的大片中庭。

岐阜之家

所在地:岐阜縣
構造/樓層:木造平房
家庭成員:夫婦2人
完工:2018年
基地面積:661.165m²
建築面積:368.52m²
建築設計:GA設計事務所

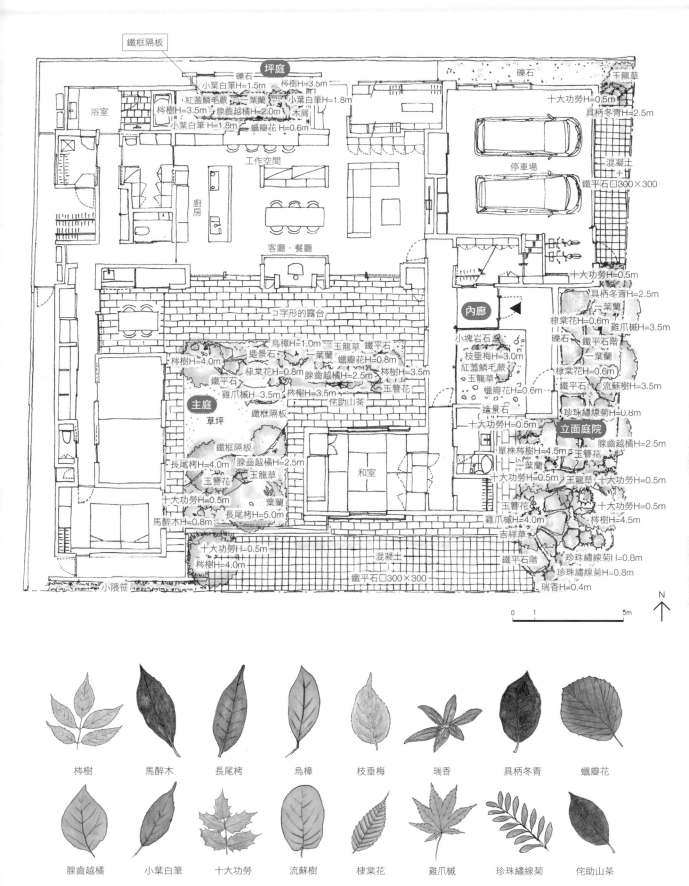

鐵框隔板

坪庭

礫石　玉龍草

小葉白筆H=1.5m　栟樹H=3.5m　十大功勞H=0.5m

浴室　栟樹　紅蓋鱗毛蕨　一葉蘭　小葉白筆H=1.8m　具柄冬青H=2.5m

H=3.5m　腺齒越橘H=2.0m　木屑

小葉白筆H=1.8m　蠟瓣花 H=0.6m　停車場

厨房　工作空間　混凝土

鐵平石□300×300

客廳·餐廳

ㄈ字形的露台

內廊　十大功勞H=0.5m

栟樹H=4.0m　烏樟H=1.0m　玉龍草 鐵平石　具柄冬青H=2.5m

造景石　一葉蘭　一葉蘭

鐵平石　棣棠花H=0.8m　蠟瓣花H=0.8m　小塊岩石　棣棠花H=0.6m　雞爪槭H=3.5m

雞爪槭H=3.5m　腺齒越橘H=2.5m　栟樹H=3.5m　枝垂梅H=3.0m　礫石　鐵平石階

栟樹H=3.5m　玉簪花　紅蓋鱗毛蕨　一葉蘭

主庭　侘助山茶　玉龍草　棣棠花H=0.6m

草坪　蠟瓣花0.6m　鐵平石　流蘇樹H=3.5m

鐵框隔板　造景石　珍珠繡線菊H=0.8m

長尾栲H=4.0m　腺齒越橘H=2.5m　十大功勞H=0.5m　立面庭院

玉簪花　玉龍草　和室　單株栟樹H=4.5m　玉簪花

十大功勞H=0.5m　一葉蘭　腺齒越橘H=2.5m

一葉蘭　一葉蘭　十大功勞H=0.5m　玉龍草　十大功勞H=0.5m

馬醉木H=0.8m　長尾栲H=5.0m　玉簪花　十大功勞H=0.5m

十大功勞H=0.5m　雞爪槭H=4.0m　栟樹H=4.5m

栟樹H=4.0m　混凝土　鐵平石階

鐵平石□300×300　珍珠繡線菊H=0.8m

小隈笹　珍珠繡線菊H=0.8m

瑞香H=0.4m

0　1　5m

N

栟樹　馬醉木　長尾栲　烏樟　枝垂梅　瑞香　具柄冬青　蠟瓣花

腺齒越橘　小葉白筆　十大功勞　流蘇樹　棣棠花　雞爪槭　珍珠繡線菊　侘助山茶

作為庭院主角的植栽

沿著樹叢間平緩的石階，逐漸往上攀升的南側路徑。©Masato Kawano / Nacasa & Partners

▬ 鋪設大塊鐵平石，作為通往外玄關的石階小徑

從東側看到的庭園小徑與房屋外觀。© Masato Kawano / Nacasa & Partners

這塊建地的南側及東側與道路相鄰，東側有通往車庫的入口，南側則是訪客專用的停車位。停車空間和道路旁都設有小徑，可以穿過庭院通往外玄關。

設計上可通往外玄關的路徑有兩條，包括南側停車場這條比較長的通道，還有以東側道路為起點的短徑。由於外玄關的門比道路高出大約700mm，所以造景時特地以土堆構成緩坡地形；地面鋪上大片的鐵平石塊，這

樣的安排不僅讓路徑更好走，也同時兼顧設計美感。

由於從南側通往外玄關的路徑約有10公尺長，因此在設計上利用石塊的厚度來創造每階約50mm的段差，行走起來的感覺就像是穿過坡度7/100的小徑。

東側的小徑則利用更厚的**鐵平石**，在路邊到玄關的短距離間鋪設階高約150mm的石階。

▬ 迎賓入門的接待空間

由於屋主希望整片庭院呈現的感覺，能像是座落於森林間看得到楓樹的旅館，所以在設計上刻意以**木曾石**作為造景石，營造出山野般的風景。另外在南側的小徑同樣擺置**鐵平石**造景，在接待客人時也可以作為裝飾花朵的花台。植栽的部分則依照屋主的喜好，以**雞爪槭**為主，搭配**梣樹**、**腺齒越橘**、**具柄冬青**、**蠟瓣花**、**棣棠花**、**珍珠繡線菊**、**吉祥草**等植物，創造出身山野間的感覺。

在部分屋簷下也需要植物點綴，因此藉由自動灑水裝置控制澆水。不過若採用自動灑水裝置，很容易露出連

帶的控制器與水管，除了要盡量將裝置設在不顯眼的地方，也在此利用**十大功勞**等高大常綠喬木來遮蔽設備。

訪客用停車場通往外玄關的路徑入口處種植著**瑞香**，春天時走過這段小徑，就可以聞到濃郁的花香。

此外，由於地勢傾斜，必須種植地被植物防止土壤流失，為此在庭院裡遍地種滿**玉龍草**，彷彿鋪上綠色的地毯，同時也穩固坡地的土壤。庭院與道路相鄰的兩條邊界線則在地底埋入漆成黑色的鐵框隔板，這不僅是為了避免土壤流失，也能將庭院的邊界修飾得更美觀。

雞爪槭

梣樹

十大功勞

蠟瓣花

珍珠繡線菊

吉祥草

南側小徑上鋪設的鐵平石；右下角的鐵平石作為花台使用。每塊石階的面積不等，構成富有變化的階梯。©Masato Kawano / Nacasa & Partners

從玄關可以看見中庭的枝垂梅。© Masato Kawano / Nacasa& Partners

▬ 為訪客帶來驚喜的枝垂梅

枝垂梅

小塊岩石

玉龍草

綻放在中庭的枝垂梅，以小塊石材與玉龍草作為點綴。

從外玄關通往大門是一條 L 字形的內廊，在廊旁設置中庭。由於這個空間會給來訪者留下重要的第一印象，所以種植了樹形富有特色、花型也很美的**枝垂梅**。種植前先前往園藝公司，精挑細選出樹形優美、大小適中的樹來作為內庭的主視覺。沒有遮簷的地方採用跟戶外路徑相同的**木曾石**作為造景石，地面則搭配樹下的花草，種植一簇一簇的**玉龍草**。

在內廊鋪上方形的粗鑿**鐵平石**，在島狀植栽間的留白處則鋪滿了拳頭大的小塊石材。由於四周環繞著令人印象深刻的**枝垂梅**、方形粗鑿**鐵平石**的特有質感，以及手工製造壁磚的厚重感，所以選擇了具有份量的小塊石材創造意象上的平衡。由於建築本身都採用具有質感或厚重材料的穩重氣息，所以庭院也全部由紮實的素材構成，刻意凝聚出渾厚的空間感。

▬ 既能保護隱私，又能襯托空間縱深的長尾栲

長尾栲

主庭｜位於景觀盡頭的長尾栲。 © Masato Kawano / Nacasa & Partners

主庭由和室、走廊、起居室、餐廳、廚房、寢室共同呈「ㄇ」字形圍繞，從每個房間都可以望見主庭。

屋主在意的是，在「ㄇ」字形的開口處並沒有建築圍繞，因此視線越過圍牆上方會直接看到鄰宅二樓。植栽恰好可以作為視線屏障，對於保有隱私相當重要，因此在主庭種植了二株**長尾栲**，藉此維護居住者的隱私。

主庭的露台鋪設著跟建築物相同的磁磚，在視覺上稍微延伸起居室的縱深。有機會在靠近建築物的地方安排植栽的話，為了避免讓庭院與建築距離感太遠，可以將樹木儘量種植在近房間的位置。

在庭院靠起居室這一側，也沿著露台闢出植栽的空間；為了從室內能看到綠意盎然的景觀，這裡種植了多株樹木。除了在與和室相連的空間種植屬於常綠灌木的**山茶花**，基本上由多種落葉樹搭配來打造風景。種植落葉樹可以在冬季時讓視野更開闊，而高大的常綠樹**長尾栲**為背景，則能突顯出空間富有縱深。

烏樟

馬醉木

栲樹

玉簪花

棣棠花

一葉蘭

玉龍草

雞爪械

梣樹

馬醉木

侘助山茶

梣樹

棣棠花

玉簪花

鐵平石

▬ 以鐵板區隔草坪與玉龍草

主庭的地面以**木曾石**、**玉龍草**及各種低矮植物覆蓋。中央的部分鋪上草坪，彷彿橫貫東西，從起居室出來後很快就能穿過**草坪**。在**草坪**與**玉龍草**之間，置入彎成弧形的鐵板作為區隔，防止**草坪**蔓生到**玉龍草**這一側，也有助於劃分界線。這裡設有自動灑水裝置，讓庭院的管理更為方便。透過和室凹間的地窗，可以欣賞到**長尾栲**灑落地面的美麗葉隙樹影，或是從中觀賞主庭自然的低矮花草。樹下的植被佈滿造景石斜面，也盡收眼底。

透過和室凹間的地窗，可以望見主庭內樹下的低矮草木。© Masato Kawano / Nacasa & Partners

長尾栲的葉隙樹影灑落在凹間的地窗旁。

主庭的黃昏景色。後方是起居室及餐廳。©Masato Kawano / Nacasa & Partners

■ 擷取山野景色的迷你坪庭

以高250mm的鐵板框架圍起。

從工作間看到的坪庭景觀。

從吧檯狀的工作空間，也可以看見這塊細長的長方形庭院。從工作空間可以看到坪庭後方的牆壁，構成完全封閉的私人花園。為了避免從工作空間直接看到浴室，特地在坪庭內種植常綠樹。

在打造坪庭的景致時，為了避免讓浴室與工作空間的使用者視線產生交集，會將植栽的高度設定得比較高。為了不要產生視覺上的壓迫感，在長方形坪庭內以能有效區分邊界的高度250mm鐵板圍成較高的一區，讓栽於其中的樹叢看起來彷彿擷取自山野的景色。

這些植栽從高到矮包括**椣樹**、**腺齒越橘**、**小葉白筆**、**棣棠花**等，樹下的花草則包括**一葉蘭**、**紅蓋鱗毛蕨**、**玉簪花**等。在種植前先從室內確認可以看得見的高度後，才決定位置。

從浴室看到的坪庭景觀。© Masato Kawano / Nacasa& Partners

CASE 03

欅樹

精心挑選一棵樹，塑造「空靈」的景象

這戶住宅建立於1980年代開發的地區，由三人小家庭居住，是以鋼筋混凝土建造的二層樓建築。立面庭院有著令人印象深刻的白牆，此外還有玄關廳堂的庭院，以及從起居室、餐廳、廚房可以眺望的中庭。向外的窗戶活化了庭院內空無一物的設計，在造景時也刻意挑選適合映影在白牆的簡單樹形。

N Residence

所在地：岐阜縣岐阜市
構造／樓層：鋼筋混凝土二層樓建築
家庭成員：夫婦＋子
完工：2006年
基地面積：222.03㎡
建築面積：113.41㎡
建築設計：GA設計事務所

立面的庭院｜樹形姿態優美的欅樹。

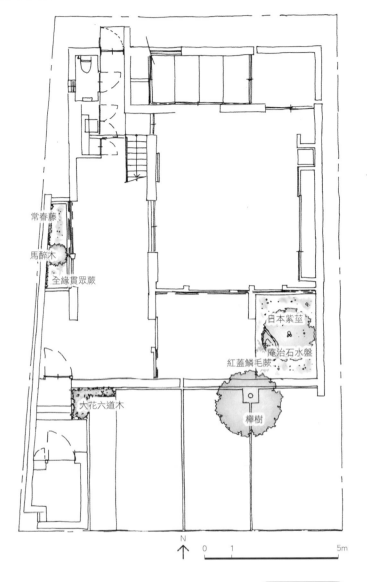

以單株櫸樹來塑造魅力

在停車位與住宅間的植栽區域，種植了一株**櫸樹**。由於這棵樹將會成為住宅中心的景觀，所以花了相當多時間挑選。種下這株精挑細選的**櫸樹**後，為了讓一根根的樹枝錯開，曾利用竹棒將樹枝分開來。

常春藤
馬醉木
全緣貫眾蕨
日本紫莖
庵治石水盤
紅蓋鱗毛蕨
大花六道木
櫸樹

N
0　1　　　　5m

利用竹棒矯正樹形。

中庭1

精心挑選樹形

由白色牆壁圍繞的庭院，可以突顯出常見的綠樹與天空的細節，這也令人意識到庭院背景的重要性。**日本紫莖**如果受到過於強烈的陽光直射，會從樹頂開始枯萎；在海拔800公尺以上自然生長的日本紫莖這類樹種，適合寒冷的環境、細菌不活躍的土壤，最好儘量提供相似的環境，運用稍微偏酸性的土壤，不要讓土壤太肥沃。

以杜鵑花類為例，像**皋月杜鵑**、**錦繡杜鵑**就屬於百搭型。若是像**山杜鵑**、**三葉杜鵑**、**腺齒越橘**、**藍莓**等就適合酸性土壤。

這戶住宅的庭院已完工超過十年，日本紫莖目前也長得很好。

在白牆內外栽種的日本紫莖（左）與櫸樹（右）。

欅樹

日本紫莖

庵治石水盤

紅蓋鱗毛蕨

中庭 ｜ 日本紫莖與樹下的庵治石水盤

日本紫莖與水盤的蓄水

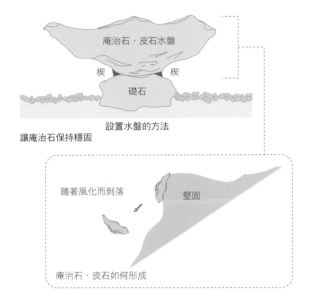

庵治石·皮石水盤

楔　　楔

礎石

設置水盤的方法

讓庵治石保持穩固

隨著風化而剝落

堅固

庵治石·皮石如何形成

櫸樹後方隔著牆壁就是中庭，這裡種植著一株**日本紫莖**。由於**櫸樹**的落葉很多，有些人會嫌麻煩，但樹形優美則是公認的事實。這株**日本紫莖**也同樣經過費心尋覓才定案。對不耐陽光直射、容易枯萎的**日本紫莖**來說，一牆之隔的**櫸樹**正好有遮蔽陽光的作用。在**日本紫莖**樹下，設置了用**庵治石**皮石製作的水盤，並保持當水盤盛水時，水面能映出樹枝倒影的距離。在**庵治石**水盤旁種植了**紅蓋鱗毛蕨**，四周鋪上**庵治石**的小碎石塊，與水盤形成整體感。屋主的興趣是花道，如果在庵治石的水盤裡裝盛水，就可以插花。如果先安置作為底座的礎石，再放置水盤，可以凸顯皮石水盤的量體感，也能讓整體輪廓更美觀；不過有時也會因水盤的形狀而異。順帶一提，據說**庵治石**也是雕刻家野口勇偏愛的素材。

適合小中庭的高瘦馬醉木

常春藤

馬醉木

全緣貫眾蕨

庵治石的碎石

型態高瘦的馬醉木與靠近地面的全緣貫眾蕨，成為玄關一景。

進入玄關後立刻入眼的是迷你庭院中的植栽，為了配合此處的狹長空間而選擇了**馬醉木**。靠近地面的地方則搭配**蕨類**夥伴——**全緣貫眾蕨**，而且跟中庭一樣，在地面鋪設**庵治石**碎石。由於屋主表示希望能綠化背景的鋼筋混凝土牆，所以悄悄種植了藤蔓植物**常春藤**，讓它漸漸地覆蓋牆壁。

在種植**藤蔓**時最好先讓業主理解，這類植物生長非常緩慢；在每次修剪時也務必先確認業主想維持在什麼樣的程度。由於**常春藤**容易破壞白牆的表面塗層，所以栽種時讓它攀爬在清水混凝土這面牆。

大部分**馬醉木**的枝幹都會被葉片覆蓋而不見樹形，但是既然找到了這株樹形修長美麗的樹木，就讓住戶單純地欣賞它佇立的姿態；在一旁種植的**全緣貫眾蕨**，則為庭院風景帶來畫龍點睛的效果。

樹形修長的馬醉木。

CASE 04

小羽團扇楓
門口的景色

門廊通往室內的入口

樹木構成小窗的風景

垂絲衛矛

連香樹

大花六道木

百子蓮

水梔子

玉簪花

大花六道木

門廊前的小樹吸引目光，
迎人通往三角屋頂下的入口

這是一棟面向著美麗欅樹林蔭道的兩層樓木造住宅。在鄰街面狹窄、縱深狹長的建地上，三角屋頂的屋型令人印象深刻。除了屋前的立面庭院之外，還有從客廳、廚房、餐廳三個角度都可以欣賞的中庭，以及浴室外的小片綠地。在設計上，以讓各房間的窗戶都能欣賞鮮明綠意為主要概念。

I Residence

所在地：岐阜縣岐阜市
構造／樓層：木造二層樓建築
家庭成員：夫婦＋3子
完工：2013年
基地面積：159.49㎡
建築面積：86.61㎡
建築設計：GA設計事務所

以三角屋頂令人印象深刻的立面庭院。

樹下植栽成為視覺焦點，也能讓停車位的混凝土看起來更柔和。

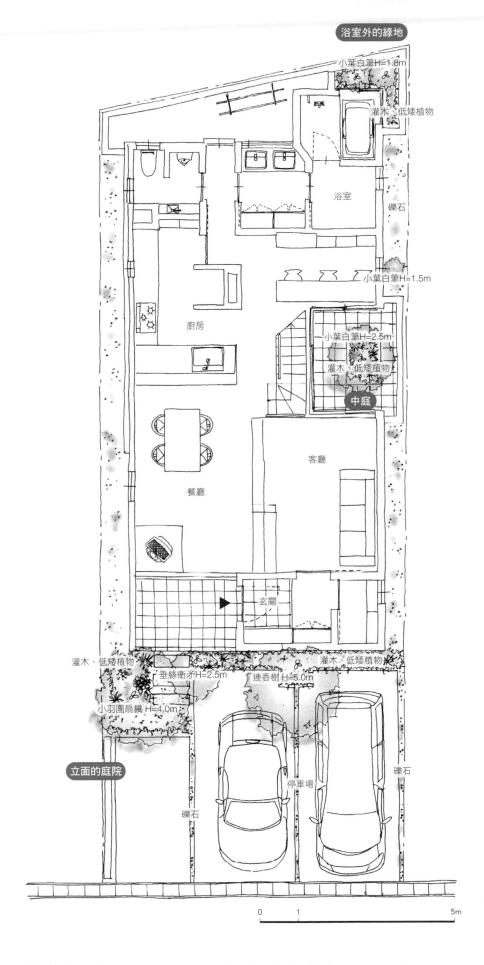

浴室外的綠地

小葉白筆H=1.8m

灌木、低矮植物

浴室

礫石

小葉白筆H=1.5m

廚房

小葉白筆H=2.5m

灌木、低矮植物

中庭

客廳

餐廳

玄關

灌木、低矮植物

垂絲衛矛H=2.5m　　連香樹 H=5.0m　　灌木、低矮植物

小羽團扇楓 H=4.0m

立面的庭院

停車場

礫石

礫石

0　　　1　　　　　　　　5m

N

■ 令人想入內一探究竟，多采多姿的門廊

立面的庭院點綴了由三角屋頂切框出輪廓的玄關。在正面右側停車場後方與建築物外圍闢出栽種植物的空間。這裡以一株高度超過5公尺的**連香樹**為主，正好適合瘦長的立面；另外還有灌木、低矮植物略帶斜度地種植，以引人入勝的姿態邀人進入玄關。這些灌木、低矮植物包括**大花六道木**、**百子蓮**、**水梔子**、**鋪地柏**等。由於屋主喜歡花，所以庭院裡種植的多半是開花植物。

停車場與玄關門廊大約有500mm的高差，所以在屋外堆土，以有厚度的**大谷石**製作階梯。階梯旁跟路徑一樣，以灌木、低矮花草覆蓋地面。在立面稍微高於視線的位置設有一扇角落窗，在玄關門廊上方則安排了固定式的採光窗。較低矮處種植**垂絲衛矛**，高處由於視角會被隔壁建築物遮蔽，所以只栽種了朝單邊生長的**楓樹**來創造窗邊的景致。

立面圖

立面的庭院

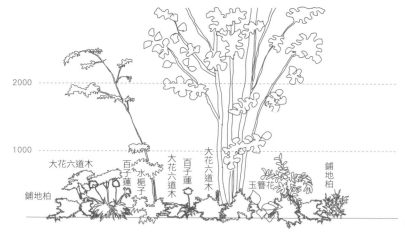

樹下植物的分布

■ 向街道林蔭借景，構成連貫的景致

從室內朝外看，**小羽團扇楓**與**垂絲衛矛**的後方是成排行道樹，與高大的**櫸樹**連成一氣。**連香樹**雖然令人聯想到高原，不過在這裡也有遮蔭的效果。由於**櫸樹**與**連香樹**都是冬天會掉光葉子的落葉樹，所以樹下會選擇種植在冬季仍能繁茂生長的花草種類。

另外，在**小羽團扇楓**下鋪設小塊石材，能阻擋土坡的土壤流失。

小羽團扇楓

小塊石材

冬季仍維持綠意昂然的腳邊景色。

■ 利用日曬死角，打造減法的空間

從書房望向中庭。可以看到小葉白筆。

從L字型的書房、樓梯間共三個方向都可以看到中庭。由於有三側被建築物圍繞，直射陽光不易照入，所以讓適合陰涼處的常綠樹**小葉白筆**擔任中庭主角。由於庭院很小，所以鋪上邊框般的地磚以靈活運用零碎空間，可說是減法的庭院。只在中央植栽部分填入土壤，樹下的灌木或低矮花草彷彿要溢出框外般──往下看也是自成一格的景致。這些灌木包括**玉簪花**、**大花六道木**、**鋪地柏**、**金絲梅**等，這些植物的葉片形狀、質感與伸展方式各有不同，組構成多采多姿的風情。

▬ 彷彿置身林間的入浴時光

浴室外的小塊綠地沿著浴缸朝外的 L 形窗口而設，因此也呈L字形圍繞。背景是遮蔽視線的木板牆，為了讓住戶可以在泡澡時同時欣賞植栽，因此鋪有約600mm高的堆土。

這片小塊綠地同樣不容易有日光直射，所以反過來利用這個特性，種植了幾株較矮小的**小葉白筆**，打造出枝葉清瘦的景致。

以木板牆為背景，突顯清瘦樹形的小葉白筆。

CASE 05

欅樹

雞爪械

南天竹

住宅與樹木相融的野趣之家

這棟家屋是為一對期待平靜生活的夫婦而設計。規
劃時特地以現代的數寄屋*建築為概念，保有立面、
過道、中庭，並依此設計庭院。為保障隱私，在牆
上闢出縱長格的木格柵開口，只要推開左側的門就
會出現通往玄關的路徑。面向房屋右側，方型木格
柵終點設有門扇，推開就成為通往中庭的動線。

T Residence

所在地：愛知縣名古屋市
構造／樓層：鋼骨造，部分鋼筋混凝土造二層樓建築
家庭成員：夫婦＋2子
完工：2009年
基地面積：209.80㎡
建築面積：124.72㎡
建築設計：田中義彰／TSC建築設計事務所

*數寄屋：以茶室意趣為風格的屋型。「數寄」是指喜好和歌、茶道、花道等風雅興趣。

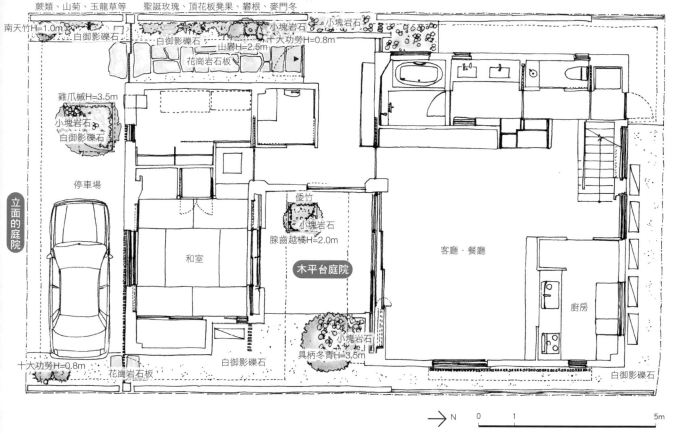

過道旁的庭院

樹下植栽
玉竹、吉祥草、金邊闊葉麥冬、銀邊玉簪、
聖誕玫瑰、頂花板凳果、礬根、麥門冬

樹下植栽
蕨類、山菊、玉龍草等

南天竹H=1.0m
白御影礫石
白御影礫石
小塊岩石
山礬H=2.5m
小塊岩石
十大功勞H=0.8m
花崗岩石板

雞爪槭H=3.5m
小塊岩石
白御影礫石

停車場

和室

倭竹
小塊岩石
腺齒越橘H=2.0m

木平台庭院

客廳·餐廳

廚房

小塊岩石
具柄冬青H=3.5m

十大功勞H=0.8m
花崗岩石板
白御影礫石
白御影礫石

立面的庭院

N   0   1   5m

 立面的庭院

厚重房簷的水平走向，對照輕盈枝葉的垂直伸展

這幢家屋有一道能兼作停車空間的長屋簷，在此處安排了一塊大小只容得下一棵樹的植栽空間——由於植栽的位置上方將屋簷挖空，因此樹木可以接觸露水。在接受委託之初，業主即表示希望能在簷下種植樹木。但若種植在氣派的長屋簷下，除了樹木本身難以伸展，整體景致看起來也很拘束，因此向屋主提議，讓朝氣蓬勃的**楓樹**穿過屋簷。**楓樹**上方安排落水鏈，讓雨水可以順勢流下；而在植栽附近的土壤則設置暗渠排水，雨量過多的日子裡就可以將滿溢的雨水導出。另外，伸展到屋簷上方的楓樹枝葉，可能會因為屋頂的日光反射過強而影響生長，因此不僅是樹幹，連枝葉也用麻布膠帶圈圍起來，讓樹幹與枝葉不至於因曝曬而受損，達到保護的作用。通往玄關的格柵門前跟門內的路徑都鋪設鐵平石，自然地引導通往入口。立面兩端有鋼筋水泥與杉木模板製作的袖壁，與隔壁鄰居劃出明確的界線。在袖壁旁也闢出植栽的空間，這片綠意可以淡化袖壁帶來的無機質感，玄關旁的植栽一路延續到格柵門前，並與屋內的綠地相接成連續的風景。此外，考量到西南隅的方位有「裏鬼門」之稱，因此這裡種植可以趨吉避凶的南天竹。立面右側則種植了十大功勞，為水電表箱及與鄰家的分界帶來柔和視覺的效果。

貫穿屋簷的立面楓樹。© Masato Kawano / Nacasa & Partners

雞爪槭
作為立面象徵的植栽

襯托縱深的
低矮植物

南天竹
劃分領域的植栽
安排在前方以襯托路徑的縱深

十大功勞
劃分領域的植栽

小塊岩石

玉龍草

立面的庭院｜可看見通往後方的路徑。

 路徑旁的庭院

露地邊緣，蘊含野趣的狹小空間

這裡選植在露地邊緣陰涼處也可以生長的植物。高2.5公尺的**小葉白筆**樹下，寬約0.5公尺的狹小範圍內，種植了**玉簪花**、**巒根**、**頂花板凳果**、**麥門冬**，並搭配屋主喜愛的**聖誕玫瑰**等植栽。

地面選擇了來自中國的回收建材──大塊的鐵平石板，以比周遭地面稍微高出約2mm的高度鋪設在格柵門前。延伸至後方的小徑則以狹窄的石板鋪組成寬幅延段*。延段上的石板刻意保留一定的間隔，以強調石材的凹凸紋理，同時也能映襯門前的大片石板。另外，為了不讓石板間的空隙過於明顯，施工時在砂漿內混入色粉，讓整段路徑看起來更協調。靠近玄關門上方設有屋簷，考慮到日照可能不足，因此這個區塊內不種植物，改鋪上小塊岩石。

為了讓尺寸各異的石材發揮特性、並達到理想的配置，所以以視現場情況安排位置──這也正是運用天然素材的妙趣所在。

*延段：在日式庭園裡，從茶屋外鋪設到主屋的連續石徑。

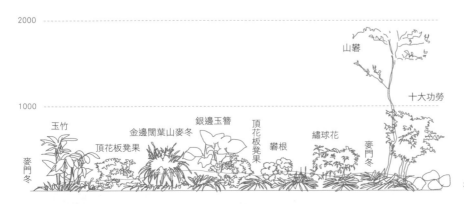

2000

1000

山巒

十大功勞

玉竹

金邊闊葉山麥冬

銀邊玉簪

頂花板凳果

頂花板凳果

巒根

繡球花

麥門冬

麥門冬

樹下花草的構成

山礬

十大功勞

繡球花

礬根

銀邊玉簪

麥門冬

頂花板凳果

聖誕玫瑰

路徑旁的庭院 | 隔開石板間的距離 © ©Masato Kawano / Nacasa & Partners

■以木平台為襯扎樹形的背景

與和室及起居室相通的木平台。
©Masato Kawano / Nacasa & Partners

穿過立面右方的格柵門後，映入眼簾的是木平台庭院。這個木平台被房間以ㄈ字形圍繞，在起居室的盡頭有階梯，走上二樓時可以邊欣賞中庭的景致。屋子前方的和室與後面的起居室以木平台相接，視線可以穿透。

木平台角落闢有小塊植栽空間，這裡種植著**腺齒越橘**，這棵樹開的花也可以運用在茶道裝飾，樹下則以**倭竹**與小塊岩石加以修飾。

樹木的「邊界」最美，因此如何處理樹的根部也很重要：不要把樹種得太深，如果要搭配種植低矮的**笹竹**，為了不要讓笹竹長得太茂盛以形成過於厚重的視覺感，可以利用小塊岩石形成間隔。通常造景依建築而異，不過也必須考量木平台表面與地面的高差。如果低矮植栽長得低於木平台，除非刻意往下望，否則恐怕什麼都看不到。這次為了凸顯樹木的邊界，先在植物區塊下方堆設空心磚，在木平台施工前，也請工班配合完工後的效果，墊高約250mm。與造景密切關聯的建築細節，在施工前務必溝通清楚。

另外，木平台旁靠近鄰居一側，搭配的是常綠樹**具柄冬青**。

ㄈ字形設計雖然可以使庭院獲得充足日照，但是相對也必須顧慮與鄰居之間的隱私，所以通常會利用常綠樹作為緩衝帶。由於和室的推門作得很深，所以讓**具柄冬青**的枝葉僅適度生長，以免從門內只能看到不完整的樹景，同時另外也以**腺齒越橘**作為優雅的點綴。

腺齒越橘（右）與保護住戶隱私的具柄冬青（左）。©Masato Kawano / Nacasa & Partners

木平台庭院裡種植的腺齒越橘與倭竹，美化了以客廳為背景的視野。©Masato Kawano / Nacasa & Partners

 （木平台的庭院2）

■ 植栽帶與樹形的平衡

木平台在施工前必須與設計端先行溝通；因為在木平台開洞預留植栽的區塊時，不論出於設計師的指示、或是造景施工單位認為有必要，一旦留下洞口就無法復原。種植的樹木究竟能長到什麼程度，除了跟樹本身的大小及樹種有關，也取決於樹根如何伸展、需要的土量以及植栽的深度。這次植栽帶特別選擇不會恣意伸展至區塊外的樹種，比較好照顧。由於**腺齒越橘**是杜鵑花科的植物，樹叢不會過於龐大，根部也不會衍生得太複雜，枝葉則會如鋸齒狀橫向伸展，不論是輪廓或枝葉伸展的樣貌都很賞心悅目。

　　另外，由於**腺齒越橘**適合酸性土壤，所以在土中混入酸性的鹿沼土。這是藉由讓土壤呈酸性，形成不利細菌生長的環境，來抑制土壤中的細菌繁殖。

CASE 06

腺齒越橘

雞爪槭

斑葉芒

木曾石

玉龍草

以石材與鐵美化景觀，形成高低差及動線

這個案例位於鴨川河畔寧靜的住宅區，既是藝術家的住家，也同時作為藝廊。河岸旁有成排的大株櫻花樹與朴樹，住宅面向道路，每天早上都會看到有人清掃路面落葉、整頓環境，放眼望去是一片綠意盎然的景致。這戶住宅有立面庭院、過道旁的庭院、主庭、浴室外的小中庭。庭院各處都運用到石材，包括擋土牆、階梯、踏腳石、手水鉢、簷下雨水滴落之處，美化地面等各種用途。

玄以之家

所在地：京都府京都市
構造／樓層：鋼筋混凝土造三層樓建築
家庭成員：祖父母＋夫婦＋2子
完工：2008年
基地面積：386.21㎡
建築面積：151.55㎡
建築設計：田岡博之建築設計事務所

小隈笹

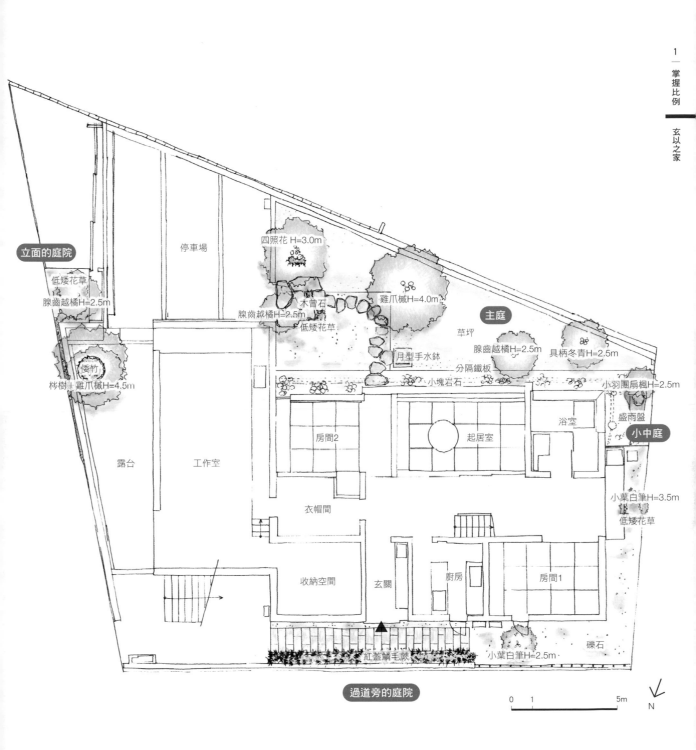

立面的庭院

停車場

四照花 H=3.0m

低矮花草

腺齒越橘H=2.5m

木曾石

腺齒越橘H=2.5m

雞爪槭H=4.0m

主庭

低矮花草

草坪

腺齒越橘H=2.5m

具柄冬青H=2.5m

月型手水鉢

倭竹

梣樹＋雞爪槭H=4.5m

分隔鐵板

小塊岩石

小羽團扇楓H=2.5m

盛雨盤

浴室

小中庭

露台

工作室

房間2

起居室

小葉白筆H=3.5m

低矮花草

衣帽間

收納空間

玄關

廚房

房間1

紅蓋鱗毛蕨

小葉白筆H=2.5m

礫石

過道旁的庭院

0　1　　　　　5m

N

■ 利用高低差，形成次序與迴遊路線

主庭｜以木曾石堆砌擋土牆，鋪設石階路徑。

在主庭的踏腳石附近──也就是庭院路徑上最醒目的位置，種植了高大的**雞爪槭**，周圍則以**腺齒越橘**與**四照花**、常綠的**具柄冬青**來點綴。

此案中最大的挑戰，是利用從停車場到主庭間約700mm的高低差來設計通往客廳的路徑，過程也經歷了幾次嘗試與調整。因為是通往住宅的路徑，運用了帶有歲月感的**木曾石**，所以石階也用**木曾石**來組構。由於石階有700mm的高低差，同時也有擋土的作用。在作為擋土牆的石塊與踏腳石間，則運用植物與礫石來達到修飾的作用。

在實際搬入前，曾先預組模擬天然石塊擺在庭院裡看起來的效果後，才搬到現場。**木曾石**的石材並不是從岩層開採，而是選取自然成形的石塊，因此表面會留下風化的質地，有時附著**青苔**的自然意趣等，都是**木曾石**的優點。

在石階旁種植**腺齒越橘**，目的是讓人在小徑上行走同時，也能體驗走在樹下的感覺。因應喜愛插花的屋主要求，在石階有高低差處，種植葉片上有白色斑紋的**斑葉芒**。

作為庭院主角的雞爪槭、木曾石踏腳石，與小塊岩石鋪成的落雨處。

雞爪槭

木曾石

月型手水缽

腺齒越橘

由小塊岩石鋪成的落雨處

作為庭院主角的雞爪槭、木曾石踏腳石，與小塊岩石鋪成的落雨處。

▪ 一牆之隔，銜接公、私領域的景觀

院子的前方是斜面，面向寬廣的道路。白色灰泥牆距離道路大約有150mm，所以在牆壁與道路之間這段細狹的空間種植**玉龍草**。從道路邊到壁面間保留些許空間，在這段與街道相隔的空間打造小形綠地，就能讓街景的綠意更為豐美。在道路旁的車庫出口角落，種植了樹形美麗的**腺齒越橘**。在**腺齒越橘**樹下栽種**小隈笹**能達到固土的作用。灰泥牆內側有一處保留了土壤地面的圓形植栽空間，這裡種植著從山裡挖掘來、由**栲樹**與**雞爪槭**合而為一的小樹。這株小樹從牆內向外伸展枝葉，也成為街邊景觀。面向白牆的露台後方是藝廊，從室內也可以看到屋外的**栲樹**與**雞爪槭**，以及街道旁的綠意。

點綴車庫旁過道的腺齒越橘。

■ 展現浸染歲月痕跡的地面

通往住宅的過道採用**御影石**的石板鋪設。為了配合建築沉穩的印象，原本想挑選質感相似的舊石材再利用，但不容易找到規格同一的舊石材。為了能夠有規則地收整，此處採用了新的御影石；除了表面留下切鑿的痕跡外，另外藉由削減角與表面的特殊加工，讓石材看起來帶有歲月的痕跡。

另外在**御影石**間的空隙也種植**苔蘚**，表現出「石板鋪設已久的時間感」。有些**苔蘚**是自然生長出來的，不過在新闢的庭院裡也有很多是刻意種植。

在過道旁種植著**紅蓋鱗毛蕨**，與御影石搭配別有一番風味。

經過特殊加工，呈現歲月痕跡的御影石。

主庭2

■ 鋪設踏腳石作為不同區塊的區隔

為了讓客人可以從庭院直接進入和室，在地面鋪設**木曾石**作為踏腳石，並在旁邊安置手水鉢。這個月形手水鉢是將石造寶塔的笠石顛倒過來使用，並刻上月亮形狀創作而成。

在主庭裡，為了排水與擋土，各處都設有區隔用的鐵板。

如果屋簷沒有裝設排水管，雨會直接落在庭院，所以沿著屋簷前的線條在地面埋入分隔的鐵板，而雨水滴落的位置則鋪滿小塊岩石。這樣既兼有承接雨水的功能，也兼備了區隔住宅與庭院的結果機能。關於小塊岩石的尺寸大小何者適當各有不同看法，不過考量到能為庭院增添風情、擁有優良的透水性，同時能讓金屬、礫石、**草坪**的細緻質感有所區別，在此選擇了稍微大一點的石塊。

順帶一提，屋主曾說過：「希望手水鉢石基下方使用帶有獨特顏色或形狀的沙礫。」現在回想起來有些遺憾，如果採用黑色的礫石形成收斂效果、或是呈現圓形等，一定更能突顯以金屬區隔的效果。

刻畫上月亮形狀的手水鉢。

浴室外的小中庭

▪ 雨水也能轉化為風景

主庭的盡頭可以通往浴室外的庭院。當雨下得較大時，簷間的雨水就像瀑布般落下，所以在地面放置**木曾石**承接雨水。為了創造雨水侵蝕石頭的時間感，特別在木曾石面加工出凹形，讓雨水可以積在裡面。在造園時，有時會刻意要求石工鑿石頭，達到看似自然的風景。石頭旁則種植了**小羽團扇楓**。

浴室的開口與房屋角落的房間呈直角，讓視線能夠開闊、一覽無遺。讓人能以寬廣視角來欣賞庭院，就是建築師所費心思之處。

從浴室可以看到木曾石的水盤。

051

以層層樹木延展房屋的縱深

這棟二層樓的鋼筋混凝土建築位於寧靜的住宅區，是棟二代宅。白色的矩形量體水平伸展，以車庫、中庭牆、住宅三個區塊重疊，形成豐富多樣的格局——由停車場側的立面庭院、居住空間可以欣賞的中庭，以及後院這三個庭院構成。在設計庭院時，有意識地利用植栽的柔和印象，襯托厚實的鋼筋混凝土建築。

F Residence
所在地：岐阜縣岐阜市
構造／樓層：木造二層樓建築
家庭成員：祖輩＋夫婦＋1子
完工：2014年
基地面積：558.14㎡
建築面積：283.28㎡
建築設計：GA設計事務所

光蠟樹

栲樹

栲樹

栲樹

垂絲衛矛

栲樹

水梔子

在立面的壁面融合柔美的植栽,讓喬木從中庭探出頭,藉此襯托建築的縱深。© Masato Kawano / Nacasa & Partners

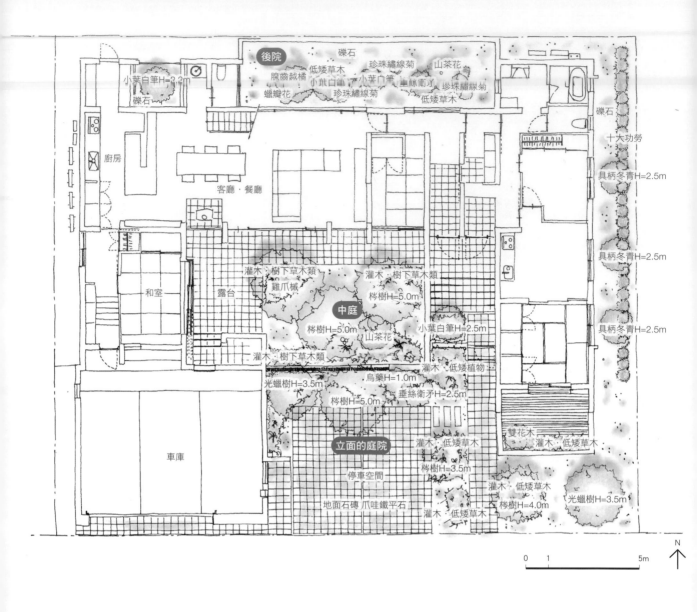

後院
礫石
腺齒栽橘　低矮草木　珍珠繡線菊　山茶花
小葉白筆H=2.3m　蠟瓣花　小苞白筆　小葉口筆　車秋衛刁　珍珠繡線菊
礫石　　　珍珠繡線菊　　低矮草木

廚房

客廳·餐廳

礫石

十大功勞

具柄冬青H=2.5m

具柄冬青H=2.5m

和室

露台

灌木·樹下草木類
雞爪槭

灌木·樹下草木類
梣樹H=5.0m

小葉白筆H=2.5m

中庭
梣樹H=5.0m
山茶花

具柄冬青H=2.5m

灌木·樹下草木類
光蠟樹H=3.5m

灌木·低矮植物

梣樹H=5.0m

烏藥H=1.0m

垂絲衛矛H=2.5m

雙花木

灌木·低矮草木

立面的庭院

車庫

停車空間

地面石磚 爪哇鐵平石

灌木·低矮草木
梣樹H=3.5m

灌木·低矮草木
梣樹H=4.0m

光蠟樹H=3.5m

灌木·低矮草木

0　1　　　　5m

N

立面的庭院

■ 以中庭植栽層次創造豐富的空間縱深

住宅入口路徑旁有可停放兩輛車的露天車位。因為白色外觀是這棟住宅的特徵，因此運用深色系的木材製作百葉板、木柵欄、百葉窗形成對比，同時停車場與路徑地面都鋪設褐色系的鐵平石。停車位的後方與旁邊、外牆底部，以及乍看樸素簡單的木門前，都安排了植栽。在整體的組合上，以較高的**光蠟樹**、**梣樹**，低矮的**馬醉木**、**水梔子**互相搭配。

一株高度約7公尺的梣樹從中庭探出頭來，為立面景觀增添豐富的表情。

門前階梯旁有陰影遮蔽的空間，種植了適合在陰涼處生長的**小葉白筆**；而通往大門的通道旁，則在樹下種植**水梔子**叢，讓住戶經過時可以聞到花香。**梔子花**的植株上容易附著像大透翅天蛾等害蟲的幼蟲，所以必須殺菌、除蟲等加以細心照顧。

榉樹

榉樹

小葉白筆

榉樹

水栀子

立面的庭院｜通道盡頭的小葉白筆（位於後方的暗處），前方左右則是榉樹。© Masato Kawano / Nacasa& Partners

彷彿躍然入室的樹形

L字型的中庭，從和室、廚房、餐廳、客廳各房間都能夠眺望欣賞。庭院大致上分成三個島，居住者可以在其間走動。

　　除了探頭出現在立面庭院的高挑**栲樹**，這裡還種植了**楓樹**。從一樓室內可以欣賞**栲樹**附有美麗白色斑紋的樹幹，從二樓窗戶則可以欣賞枝葉。相對地，為了在一樓也可以欣賞秋季**楓樹**紅葉，所以選擇了高5公尺、但也帶有低矮樹枝的大樹，就能安排在樹下行走、欣賞的動線。另外，為了讓**楓樹**盡量接近室內，特地選擇偏向單側生長、不會牴觸外牆的樹形。不過這兩棵樹都是落葉樹，到了冬季，中庭看起來可能會有些寂寥，所以另外種植常綠樹白色**山茶**搭配。在這裡刻意選擇了略帶傾斜的樹形，從和室的方向看起來彷彿正朝著室內生長；樹下則種植**狹葉十大功勞**、**水梔子**、**大花六道木**、**吉祥草**、**玉簪花**、**一葉蘭**等植栽。由於屋主希望可以搭配一些苔蘚類植物，所以也在中庭部分區塊選植了色調清爽明亮的**砂蘚**。

從和室望見的中庭。前方種植著楓樹，後面種植著朝單側伸展的山茶花。

雞爪槭

梣樹

棣棠花

山菊

紅蓋鱗毛蕨

梣樹

風知草

春蘭

吉祥草

大花六道木

玉簪花

高大的梣樹、枝葉伸展開來的楓樹、山茶與棣棠花，與樹下的花草互相搭配，形成縱向也有層次感的植栽帶。

將和風要素儘量融入自然中

從和室望向中庭。© Masato Kawano / Nacasa & Partners

從和室也可以望見的植栽之島，融入了和風要素如**山茶花**、**苔蘚**等，不過庭院整體還是不分和、洋，在規劃時讓**椨樹**、**楓樹**取得平衡。

為了呼應屋主期望「希望在庭院種植**苔蘚與楓樹**」，一開始先著手**苔蘚**的分配。要創造讓**苔蘚**豐盈生長的濕潤環境其實相當費事，因此在樹下適度種植花草，有效利用剩餘的空間，再加入**苔蘚**。**苔蘚**的淺綠色與樹下花草的深綠混在一起，形成豐富的配色，庭院也會更容易照顧。另外，**砂蘚**即使在太陽直射的環境下仍然能夠生長，所以也適合少有陰影遮蔽的庭院。

地被植物方面，原先也考慮過種植**草坪**，但是為了方便維持，選擇在地面鋪上礫石。因為像**楓樹**或**椨樹**這類大樹如果生長茂密的話，就會遮住日照，不利於草坪生長。

對於灌木樹種的選擇，也刻意不分東西方的植物。譬如雖然同樣屬於**小蘗科**，不栽種**十大功勞**，而選擇了**狹葉十大功勞**，創造出不拘泥於樣式的風情。

以帶狀綠地豐富室內座席的視野

從玄關延伸至客廳、餐廳的細長地窗，可以看到後院。地窗的高度距離一樓地板約1100mm，在設計時也同時考量到坐在沙發或椅子時的視線。後院以木圍籬隔出與鄰家的分界，同時也作為植栽的背景。在狹長的後院空間，種植了**山茶花**、**雙花木**、**小葉白筆**、**蠟瓣花**、**珍珠繡線菊**、**狹葉十大功勞**。**蠟瓣花**為了尋求光照，樹枝會呈如鋸齒狀的連續「く」字形伸展。因此在種植時必須

先考量實際伸展的走向，整體看起來會更協調。另外也種植了適合俯瞰的灌木類，地表則安排了**吉祥草**、**一葉蘭**、**苔蘚**類等植栽搭配。

從客廳、餐廳、廚房可以望向中庭與後院這兩側，無植栽部分的地面同樣以礫石統一，創造連貫的景觀。正如地窗般，庭院也跟室內空間成為一體，這樣的空間正是展現景觀設計師功力高下的關鍵。

從空間兩側都能感受到庭院綠意。
© Masato Kawano / Nacasa & Partners

從客廳‧餐廳的地窗，可以看到後院的蠟瓣花與較低矮的花草。
© Masato Kawano / Nacasa & Partners

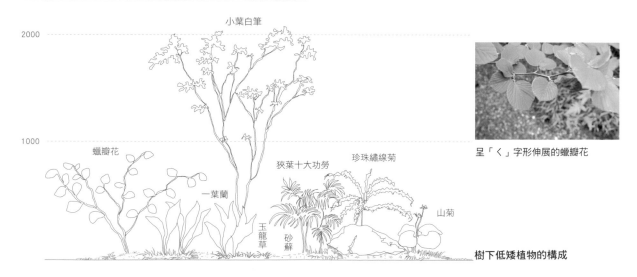

後院 | 在狹長的空間裡，栽種與中庭相連的植栽。

小葉白筆

2000

1000

蠟瓣花

一葉蘭

狹葉十大功勞

珍珠繡線菊

玉龍草

砂蘚

山菊

呈「く」字形伸展的蠟瓣花

樹下低矮植物的構成

CASE 08

黑櫟

垂絲衛矛

栲樹

雙花木

棣棠花

栲樹

栲樹

斑葉芒

斑葉芒

以片段景致妝點，增添生活豐彩

這是棟由三人家庭居住的木造二層樓建築，包含了
面向車流頻繁道路的立面庭院，從客廳、餐廳所見
的庭院，以及從玄關、和室望出去的庭院。在屋主
期望與建築師規劃下，能從生活各種場景感受到庭
院之美；是讓各個庭院除了具備整體性，也能隨著
場景不同而各有不同氛圍的庭院設計。

附中庭的平屋

所在地：愛知縣
構造／樓層：木造軸組工法建築
家庭成員：夫婦＋子
竣工：2014年
基地面積：611.89㎡
建築面積：186.32㎡
建築設計：Architect 6

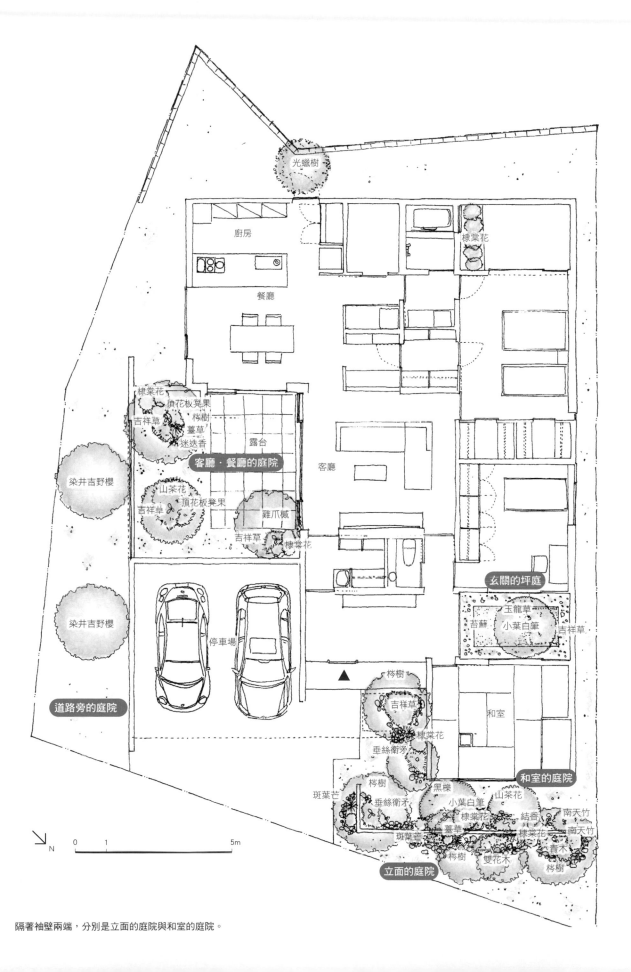

光蠟樹

廚房

棣棠花

餐廳

棣棠花
頂花板凳果
吉祥草　柃樹
　　　　薹草
　　　　迷迭香　露台

客廳·餐廳的庭院

客廳

染井吉野櫻

山茶花
吉祥草　頂花板凳果
　　　　　雞爪槭
吉祥草　棣棠花

玄關的坪庭

染井吉野櫻

玉龍草
苔蘚　小葉白筆　吉祥草

停車場

道路旁的庭院

柃樹
吉祥草
棣棠花
垂絲衛矛

和室

斑葉芒
柃樹　　黑櫟　　小葉白筆　山茶花
　　垂絲衛矛　小葉白筆　　　　結香　南天竹
　　　　棣棠花　　　　　　　　　南天竹
　　　斑葉芒　薹草　　　棣棠花
　　　　　　　　　　　雙花木　　青木
　　　　　　柃樹　　　　　　　柃樹

和室的庭院

立面的庭院

N
0　1　　　　　5m

隔著袖壁兩端，分別是立面的庭院與和室的庭院。

沿著袖壁兩端，能享受兩個方向的景色

玄關門廊前方挑高空間的植栽帶。

立面庭院面向貼著地磚的玄關，庭院地面則鋪設方形鋪石；位於南面道路與建築物之間的袖壁，是由高約1500mm的杉木模板所製作、約7公尺長的清水混凝土牆，袖壁的前方與後方都闢有植栽空間。

在這裡打造透過和室地窗可以欣賞的風景，以清水混凝土袖壁寬度作為有效襯托樹木的背景。另外，藉由在袖壁前後種植喬木，為有限的面積帶來充裕的空間縱深感。

袖壁低處則以灌木、低矮植物、礫石等互相搭配。為了不讓地面的礫石顯得單調，混入稍微大一點的小塊岩石，形成有強弱對比層次的配置。

玄關門廊前方空間通常位於屋簷下，但是這棟屋子闢為庭院的部分卻採挑高處理。建築師在規劃建築物時也考量到是否方便造景，設想周到令人欣慰。安裝了玻璃牆的走廊，也成為適合觀賞綠意的空間。

利用富有變化的樹形

立面庭院以較高的樹為主，種植了四株瘦高的**栲樹**；並且為了對比厚重沉穩的白色外牆，選擇了輕盈、直線伸展的樹形。為了讓與視線等高處也有綠意，這裡還種植了**雙花木**、**青木**、**南天竹**，靠近地面的低矮植物則選擇**薹草**，以及可以作為花材的**斑葉芒**。

種植著高瘦栲樹的立面。

穿透常綠樹的採光，帶來沉靜的感覺

山茶花樹曲折且大幅伸展的枝幹。

和室庭院面向立面的袖壁後側，在低矮處有枝幹曲折、自由開展的**山茶花**，與單株分枝的**黑櫟**構成景致，同時也與種植在袖壁外側、有明亮印象的落葉樹形成對比。位於內側的和室庭院，則搭襯房間的氣氛，以常綠樹如**山茶花**、**黑櫟**、**小葉白筆**等為主，再加上落葉樹**垂絲衛矛**。利用多一些常綠樹來混植少部分落葉樹，能使和室內的採光變得更柔和，帶來沉靜的氣氛。灌木類的**結香**、**棣棠花**沿著作為庭院背景的袖壁生長，靠近地面處則種植**吉祥草**，創造視線低矮處的景致。

和室前的庭院有袖壁作為背景，更能襯托植物的美感。

■ 利用不鏽鋼板，創造簡潔的山野框景

坪庭位於玄關正面，由於玻璃直接嵌固在窗緣，可以看到沒有窗框遮蔽的庭院。最先映入眼簾的迎賓一景選擇了**小葉白筆**，營造如擷取自山林般的景色。

此外，為了隱藏作為木造中庭基礎的踢腳板、同時確保排水機能，在坪庭內鋪設小塊岩石，遮蔽踢腳板。另外，位於坪庭中央的植栽帶則以150mm的不鏽鋼框作

為區隔，在裡面填土。這麼一來可以減少室內與庭院的高低落差，營造整體感。

除了以單株**小葉白筆**作為主角，還搭配束狀栽培的**吉祥草**、**百兩金**、**玉龍草**，剩餘空間就種植**苔蘚**。

坪庭的窗緣不僅有機能的必要性，在設計上也能發揮作用；沒有窗框的窗景就有如畫框裡的山野風景畫。

小葉白筆
吉祥草
百兩金
玉龍草
苔蘚

位於玄關正面的坪庭。

作為背景，襯托群樹的白牆

雞爪槭
山茶花
栲樹
棣棠花
臺草
頂花板凳果
吉祥草
迷迭香

這片庭院鄰接L字形的客廳與餐廳，為了保障住戶的隱私，圍以高3.5公尺的外牆屏障。這片白牆作為襯托植栽的背景，讓樹的姿態顯得更明晰，也是庭院中的要角。庭院大部分的空間是鋪設地磚的露台，在屋外也擺設家具，作為休憩的空間。沿著白牆，植栽也以L字形圍繞這座露台，種植著**楓樹**、**栲樹**、**山茶花**，構成景觀。

樹下種植的灌木與花草有**棣棠花**、**十大功勞**、**吉祥草**、**頂花板凳果**，為了增添色彩變化，也混入附白斑的**臺草**。這裡也有種**迷迭香**，摘取後可以直接運用於烹調。

在白色外牆圍繞下，樹形被襯托得更明顯。

幫忙美化街景的櫻花樹庭院

由於這片空間鄰接車流較頻繁的道路，特別以植栽空間來確保與道路相隔的距離，種植了兩株**染井吉野櫻**。**櫻花樹**容易有蟲寄生，原本不太適合種植在住宅庭院，但由於庭院與居住空間之間正好有牆壁屏障、隔開兩者，因此把握這樣的條件種植**櫻花樹**。屋主也理解街景是由個別住宅構成的整體風景，因此也希望這兩株**櫻花樹**日漸茁壯，成為街道景色的一部分。

屋主上傳到Instagram的照片。櫻花樹已成為家中日常生活的景色。

CASE 09

利用成排列植的高樹，創造寬闊的陰影

這棟鋼筋混凝土三層樓住家，座落高台上一處綠意盎然的寧靜住宅區裡。一樓入口既可以通往車庫，本身也能當作停車空間的開放空間，以兩側留白空間作為立面庭院，再加上從二樓起居間能俯瞰的玄關前通道的庭院，從餐廳與廚房看出去的主庭，有著水盤般的淺池水景，連同浴室外的小片植栽空間，共有四處庭院。

名古屋之家

所在地：愛知縣名古屋市
構造／樓層：鋼筋混凝土三層樓建築
家庭成員：夫婦＋子3人
完工：2016年
基地面積：330.56㎡
建築面積：97.62㎡
建築設計：GA設計事務所

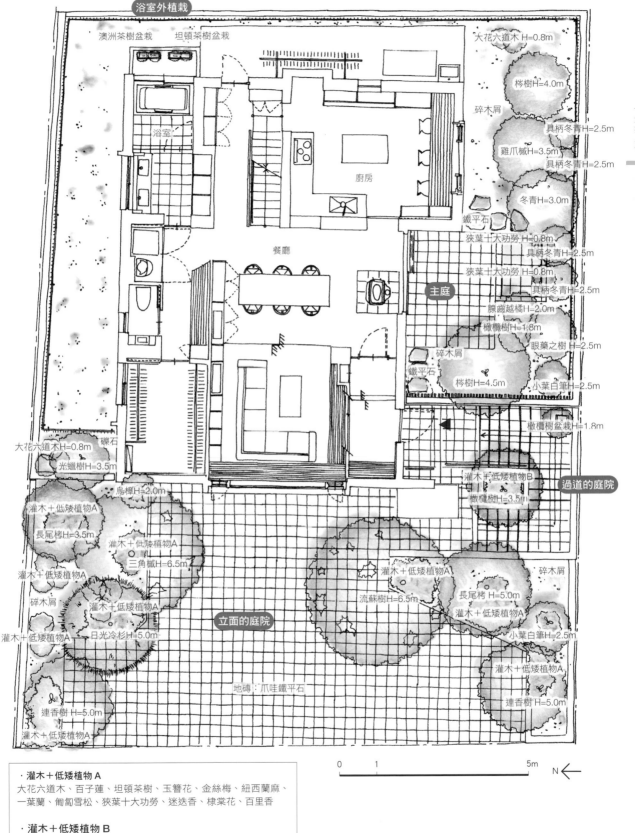

浴室外植栽

澳洲茶樹盆栽　坦頓茶樹盆栽

大花六道木 H=0.8m

楊樹 H=4.0m

碎木屑

具柄冬青 H=2.5m

雞爪槭 H=3.5m

具柄冬青 H=2.5m

冬青 H=3.0m

鐵平石

浴室

狹葉十大功勞 H=0.8m

具柄冬青 H=2.5m

狹葉十大功勞 H=0.8m

具柄冬青 H=2.5m

腺齒越橘 H=2.0m

橄欖樹 H=1.8m

眼藥之樹 H=2.5m

廚房

餐廳

主庭

碎木屑

鐵平石

楊樹 H=4.5m

小葉白筆 H=2.5m

橄欖樹盆栽 H=1.8m

灌木＋低矮植物B

過道的庭院

橄欖樹 H=3.5m

礫石

大花六道木 H=0.8m

光蠟樹 H=3.5m

鳥樟 H=2.0m

灌木＋低矮植物A

長尾栲 H=3.5m

灌木＋低矮植物A

三角槭 H=6.5m

灌木＋低矮植物A

灌木＋低矮植物A

流蘇樹 H=6.5m

長尾栲 H=5.0m

灌木＋低矮植物A

碎木屑

碎木屑

灌木＋低矮植物A

小葉白筆 H=2.5m

灌木＋低矮植物A

日光冷杉 H=5.0m

立面的庭院

灌木＋低矮植物A

連香樹 H=5.0m

連香樹 H=5.0m

灌木＋低矮植物A

地磚：爪哇鐵平石

0　　1　　　　　5m　　　N

・灌木＋低矮植物 A
大花六道木、百子蓮、坦頓茶樹、玉簪花、金絲梅、紐西蘭麻、
一葉蘭、匍匐雪松、狹葉十大功勞、迷迭香、棣棠花、百里香

・灌木＋低矮植物 B
加拿列常春藤、匍匐雪松

氣勢毫不遜於厚重建築立面的高大群樹。©Satoshi Shigeta

栲樹　　連香樹　　三角槭　　小葉白筆　　日光冷杉　　狹葉十大功勞　　雞爪槭　　流蘇樹　　棣棠花　　長尾栲

澳洲茶樹　　腺齒越橘　　大花六道木　　橄欖樹　　冬青　　坦頓茶樹　　金絲梅　　眼藥之樹　　光蠟樹　　具柄冬青

作為庭院主角的植栽

選擇栽種枝葉繁茂的高大樹木。©Satoshi Shigeta

▬ 能與建築厚重感匹敵的群樹

這棟建築外牆由師傅以水泥抹刀塗成深米色，感覺份量感十足；用**鐵平石**鋪設的正面入口處（兼停車空間），同樣帶有厚重的視覺效果。若選擇枝幹纖弱的樹木，就會與建築物的量感不搭，因此選用枝葉繁茂、不容忽略的高大樹木。這些樹幹粗壯的樹木將近6.5公尺高，從二樓與三樓的開口就可以欣賞。為了將來樹枝可以伸展到建築的開口部，也選植了樹冠較為寬廣的樹。正面右側種的是**流蘇樹**、左側是**三角楓**，以這兩棵樹為主角，

長尾栲

流蘇樹

連香樹

安排在入口處兩側。從樓上開口就能欣賞的**流蘇樹**白花及**三角槭**的明亮綠葉，與外牆樸素顏色形成對比，互相襯托。另外，有高大樹木的庭院，可以為建築帶來在此處既存已久的印象，更容易融入周遭環境。

庭院與左右道路相鄰的部分，有些微傾斜，由於這樣的傾斜度，除了雨水以外，地下水也會向兩側匯流，所以在建地兩端安排需要較多水分的**連香樹**。

除了藉由群樹在地面形成樹蔭，為了固土，也在樹下種植各種各樣的低矮植物。如果有裸地的部分則鋪滿碎木屑，可以避免地面過於乾燥，也能防止雜草生長，以碎木屑作為覆蓋物，踩踏的感覺比較柔軟，空間整體的感覺也會像森林一樣，有修飾的效果。同時，藉碎木屑保持「留白的地面」，不論何時都能再種植屋主喜愛的植物，能為庭園保留相當的彈性。

⊕　主庭

■ 讓葉隙光影擴散的池景

從廚房向庭院望看的景致。　©Satoshi Shigeta

淺水池剖面圖

與餐廳相鄰的露台地面鋪設石磚，並設置淺水池，亦可以作為取用水的地方。水面倒映出群樹伸展的枝葉，創造富有層次感的景色；透過在建築物外圍安排枝葉開展的樹木，能在水面、建築的外牆、樓層、露台等室內外空間倒映出從葉隙間灑落的光影。水面上交織的葉隙光影，就等於將陽光、風的變化具體呈現。

從廚房就能眺望的庭院同樣也以**具柄冬青**、**冬青**為背景，由**栲樹**、**雞爪槭**為前景，造景時特別強調樹木枝葉伸展的美感。主庭與隔壁鄰接的部分由於有低調的鋁製圍籬為背景，所以在柵欄前種植常綠樹**具柄冬青**，若遇到**具柄冬青**枝葉較少的部分，另以**狹葉十大功勞**填補。這樣也可以柔化從餐廳看出去，一眼就看到黑色圍籬的強烈印象。

倒映在主庭水面的林蔭景象。©Satoshi Shigeta

從餐廳看到的主庭景色。©Satoshi Shigeta

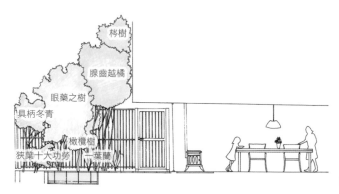

梣樹

腺齒越橘

眼藥之樹

具柄冬青

橄欖樹

狹葉十大功勞　一葉蘭

從餐廳到主庭之間的剖面圖。

▄ 以盆栽收束的端景

從洗手間與浴室看出去的綠意角落。©Satoshi Shigeta

為了保障隱私，浴室外圍以木板牆圍起。此處由於空間狹長、地面也是混凝土，所以選擇種在花盆裡的植栽來打造綠意。這裡種有兩種**互葉白千層屬**的植物：泛銀白的**澳洲茶樹**搭配偏紅色的**坦頓茶樹**，讓住戶可以欣賞色彩的對比。

由於浴缸與花盆的高度幾乎一致，因此在入浴時視線會與植物等高，看不到花盆。

不過因為茶樹的葉片較細，擺上去後稍顯單薄，所以後來又補充其他盆栽，創造團簇的綠意。

▄ 用樹木柔化混凝土的無機質印象

從低矮的位置就能欣賞橄欖樹的枝葉。

從入口到玄關的過道是ㄇ字形的階梯，走上樓梯時能同時欣賞**橄欖樹**的枝葉。喜歡日照充足環境的**橄欖樹**，從低矮位置就會伸出枝枒；正由於植栽帶也呈階梯狀，視線正好可以對到樹根附近的矮枝，正適合稍具高度的這塊空間。樹下的低矮植物則種植**加拿利常春藤**、**匍匐雪松**，與混凝土的無機質印象形成對比，未來也將會披垂在階梯旁的牆壁。

利用過道階梯的寬度，在樓梯轉角平台也擺設**橄欖樹**盆栽。走上階梯時看到的**栲樹**令人意識到主庭的存在，也會對百葉欄杆後方延伸的庭院感到期待。位於主庭的**栲樹**枝葉纖細，伸展到百葉欄杆上方的葉隙間篩落的光影相當美麗，充分發揮過道庭院的功能。

CASE 10

腺齒越橘

具柄冬青

小羽團扇楓

丹桂

珍珠繡線菊

水梔子

吉祥草

活用窄道空間，形成綠色隧道

這戶住宅的入口通道同時也是主庭；以車庫門為起
點，一直通到住宅的玄關，整條通道的縱深很長。
為了讓這段過道成為讓屋主感覺自在愉悅的庭院，
從大門到玄關的空間都由建築師特別設計過。

石板路之家

所在地：岐阜縣岐阜市
構造／樓層：木造二層樓建築
家庭成員：夫婦
完工：2010年
基地面積：248.99㎡
建築面積：147.39㎡
建築設計：GA設計事務所

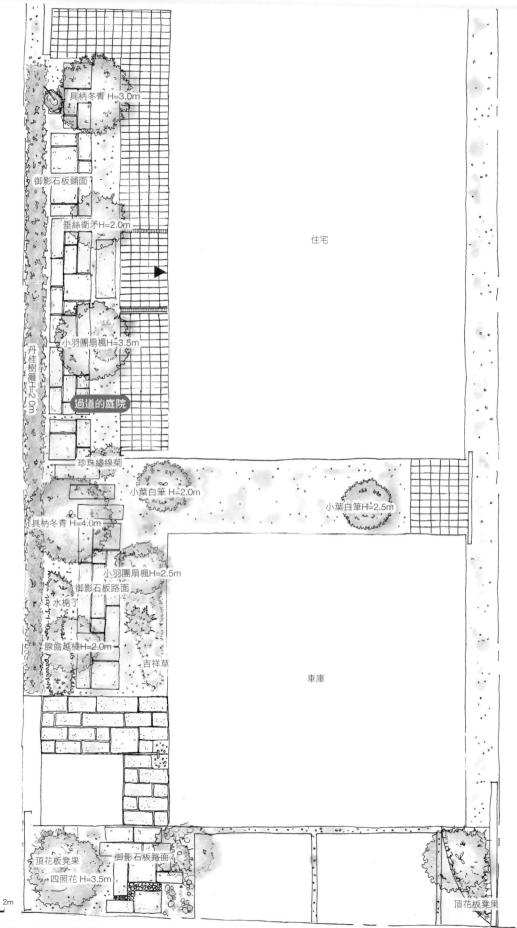

住宅

具柄冬青 H=3.0m

御影石板鋪面

垂絲衛矛H=2.0m

小羽團扇楓H=3.5m

丹桂樹籬H=2.0m

過道的庭院

珍珠繡線菊

小葉白筆 H=2.0m

小葉白筆H=2.5m

具柄冬青 H=4.0m

小羽團扇楓H=2.5m

御影石板路面

水梔子

腺齒越橘H=2.0m

吉祥草

車庫

N

頂花板凳果

御影石板路面

四照花 H=3.5m

頂花板凳果

0　　1　　2m

為了讓通道形成綠色隧道，特地挑選過植栽樹形。

感受腳下觸感的石板路

打開車庫旁的門,前方是延伸15公尺長的綠色小徑;走完這段路之後轉向就是住屋入口。這段路面鋪以不同大小的方形鏽褐色**御影石板**,使用的石板尺寸包含五種:300mm×300mm、600mm×600mm、900mm×900mm、300mm×600mm、300mm×900mm。此處特別選用保留人工切鑿痕跡的石材,粗糙表面頗具氣勢,令人印象深刻,踏上去時也能深刻感受到自己的步伐。整段過道大約有300mm的高度落差,所以用帶有厚度的**御影石**來鋪設踏腳石階。這段**御影石**路從鄰路面的立面通往屋子入口拉門;過了入口玄關後還繼續延伸到盡頭的露台。途中能感受到高低落差、也能感覺到石板的粗糙切割面,比起快速方便,這座過道庭院更注重能為住戶帶來的獨特樂趣與感官體驗。

(上)車庫與通道。
(下)因為重視給人的第一印象,過道採用保留裁切面的鏽褐色御影石。

在樹蔭環抱下穿越的小徑

（左）以刻意配置的樹形形成綠色隧道。
（下）走在過道途中也可以聆聽水聲。

為了讓住戶在穿越路徑時享有聽覺的體驗，途中設置了水盤，可以聆聽流水聲。水盤的質材採用爪哇泥石，導水管則是不鏽鋼管。

在過道旁與鄰地交界處，有座隔壁留下來的古老磚牆，因此造景時需要花點心思。考慮到若再立一座新牆，會使過道庭院的空間變得更狹窄，因此選擇種植**丹桂**為樹籬來遮蓋磚牆。**丹桂**是最利於遮蔽的樹種之一，由於希望儘可能遮住磚牆，所以選擇單株分枝的樹形。

過道兩側種植了**楓樹**、**具柄冬青**、**腺齒越橘**、**垂絲衛矛**、**小葉白筆**等，形成能讓人穿梭的綠色隧道，也有機會欣賞落葉木像**楓樹**、**腺齒越橘**、**垂絲衛矛**的紅葉。由於通道寬度有限，儘量挑選下方枝幹比人高的樹木，利用樹形確保通行的空間。灌木類選擇**水梔子**、**瑞香**等，再加上**丹桂**，讓庭院一年四季都散發著花香。

密集種植地被植物，遍地蓊鬱青翠的景象

這是一棟位於高地，能俯瞰琵琶湖的住宅，從二樓
突出的房間開口能一覽湖景。庭院包括有水池的開
放庭院，以及從和室望出去可以看到楓樹的庭院。
水池依照建築師的構想，可以承接來自屋頂的雨
水。楓之庭院則活用了地面的傾斜，以楓樹為主，
打造出山野的景色。

楓之庭院

所在地：滋賀縣大津市
構造／樓層：木造二層樓建築
家庭成員：夫婦2人
完工：2006年
基地面積：600.29㎡
建築面積：187.23㎡
建築設計：一級建築士事務所河井事務所

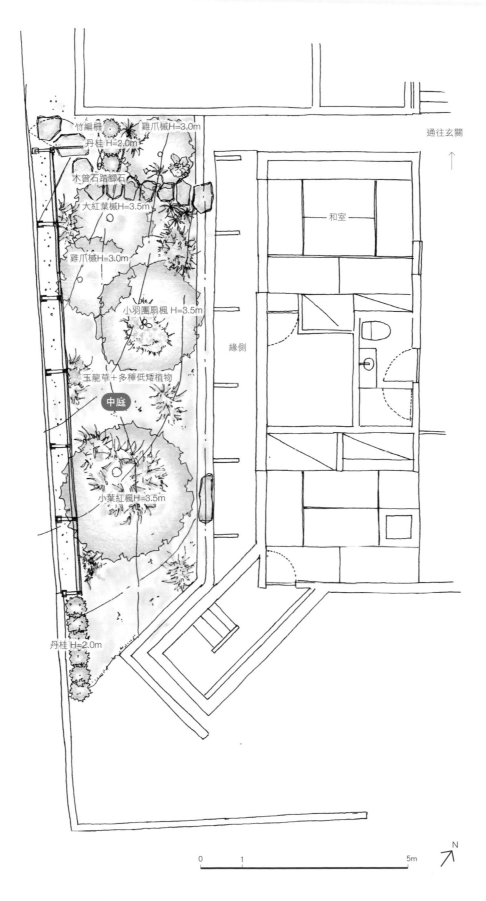

通往玄關

和室

緣側

竹編柵　　雞爪槭H=3.0m
丹桂 H=2.0m

木曾石踏腳石

大紅葉槭H=3.5m

雞爪槭H=3.0m

小羽團扇楓 H=3.5m

玉龍草＋多種低矮植物

中庭

小葉紅楓H=3.5m

丹桂 H=2.0m

0　　1　　　　　　　　　5m

N

建在高地上的開放式住宅中，隱藏著楓樹庭院。

▪具開放感的「空之庭院」

位於主庭的水池帶出與琵琶湖的象徵關聯，池水邊緣是階梯狀的親水空間，屋頂的雨水不是沿著排水管，而是藉著竹筒集中到庭院。由於地面有斜度，落在庭院的水會自然流到水池。池中有飼養本諸子魚與鮒魚。池水的深度將近2公尺，因此也兼具防盜機能。

池裡的植栽包括生長在琵琶湖的**長苞香蒲**、**蘆葦**等水生植物，另外也種植會開花的**睡蓮**，作為點綴。

主庭｜與琵琶湖意象相呼應的水池。

配合水深設置種在花盆的水生植物，形成水池的景致。

▬ 創造和室景觀的「密之庭院」

這戶住宅的最大特徵是庭院，特別運用鄰接主庭後側、和室與緣側的傾斜地來進行設計。原本相對於庭院，建築物這一側的地盤較低，而露出的地層呈千層狀（順向坡），透過傾斜的地盤在地底會滲水，所以設置暗渠排水來排出剩餘水分。

一方面為了美化從和室向外看的景觀，另一方面也考慮到滲水的土壤條件，因此在庭院種植不適合乾燥地面的**楓類**，包括**雞爪槭**、**小葉紅楓**、**小羽團扇楓**、**大紅葉槭**這四種**楓樹**。另外為了防止土壤流失，也在有斜度的坡地種植地被植物。

以山野景色為主要意象，這裡搭配的是**日本鳶尾**、**吉祥草**、**山菊**、**棣棠花**、**複葉耳蕨**、**玉簪花**、**春蘭**等植物，主要的地被植物則是**玉龍草**。**玉龍草**雖然不是會在山野自然生長的植物，但是它不需要像**草坪**一樣修割，又能完整覆蓋地面，比起苔蘚類則更禁得起踩踏，也更容易培養。**苔蘚**類需要的水分不容易控制，而且必須一直掃除落葉，以維護苔蘚生長的空間。作為住宅的庭院，選擇容易維持的植物也相當重要。

楓樹庭院的全景。

逆向坡
· 由於坡面與地層逆向傾斜，所以容易有水滲透。
· 水分容易排掉，因此坡面比較乾燥。

順向坡
· 容易吸收從逆向坡流過來的水。
· 土壤會變得比較濕潤。

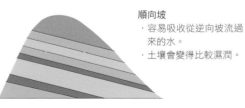

暗渠排水
在庭院裡露出的地層是順向坡，而且正如剖面圖所示，地層就像千層酥一樣有很多層。由於地質濕潤到會自然有水滲出，所以鋪設有孔的管路，藉由暗渠排水。

水滲出的地層
U字溝

如千層酥狀的剖面圖

有孔管路＋礫石

裝設暗渠排水後的地面。在礫石下有暗渠排水流過。

棣棠花

南天竹

雞爪槭

大紅葉槭

小羽團扇楓　　吉祥草

山白竹

雞爪槭

日本鳶尾

玉龍草

木曾石

山菊

中庭以玉龍草覆蓋地表，再搭配山菊、日本鳶尾、吉祥草等植栽，作為地被植物。

 中庭2

▬ 作為庭院背景的木板牆與竹簾

基於建築設計面的需求，在隔壁住宅與庭院之間設置了木板牆，屬於住宅工程的一部分。建築設計上，考量到圍牆與庭院的關聯，牆面高度以儘量不形成壓迫感為前提；同時，藉由在緣側掛上竹簾，也區隔出近身的景致。為了呼應設計上的這番巧思，造景時在**楓樹**的枝幹、低矮植物的葉片質感與形狀、花期上都特別選擇具有多樣姿態的植株。為了在一年四季都能欣賞綠意，整座庭院以**玉龍草**覆蓋地面，並種植**棣棠花、山菊、日本鳶尾**等開花植物，以及**吉祥草**等植栽。

藉由後方的木板牆與眼前的竹簾，劃分視野。©平井廣行

■「不等邊三角形」的庭院設計與造景

在平面上將樹木與石塊規劃在不等邊三角形內的這種日本庭院造景手法，也是在打造山野景色時經常運用到的手法。由於這座庭院裡種植的樹木較少，也比較容易採用這樣的手法，因此以不等邊三角形規劃。先配置高大的樹木與石塊，形成庭院的骨幹，再藉由灌木與低矮植物美化。種植灌木可以補足立體感不足之處，低矮植物則能帶來山野意象，構成疏密有致的植栽群落。為了避免土壤流失，比較疏鬆的部分以高度最矮的**玉龍草**覆蓋。

從設計圖面來構思樹木種植的位置時，必須考慮包括樹形等看不到的條件，所以造景時通常不會直接照著設計圖完成，這點必須注意。

在坡面陡峭處設置竹柵，用來擋土；為了闢出通道，另安排踏腳石作為石階。

中庭木板牆與竹簾的位置關係。

橄欖樹

水梔子

啟動空間五感體驗的庭院

與主屋稍隔一點距離的別屋是子世代夫婦的住家，朝
向主屋而建，趁著施工時庭院也重新經過規劃。建地
內有株高大的丹桂樹，建築設計也以保留丹桂樹為出
發點。從這株丹桂樹獲得靈感，決定規劃出可以嗅聞
花香的庭院。在主屋旁原本就有許多常綠樹，此處種
植了落葉樹後更增添季節感。

春日井之家
所在地：愛知縣春日井市
構造／樓層：木造平屋建築
家庭成員：祖父母＋夫婦＋子
完工：2014年
基地面積：約770㎡
建築設計：GA設計事務所

CASE 12

連香樹

茶梅

繡球花

金絲梅

百里香

完工四年後的庭院樣貌，樹木生長良好。

085

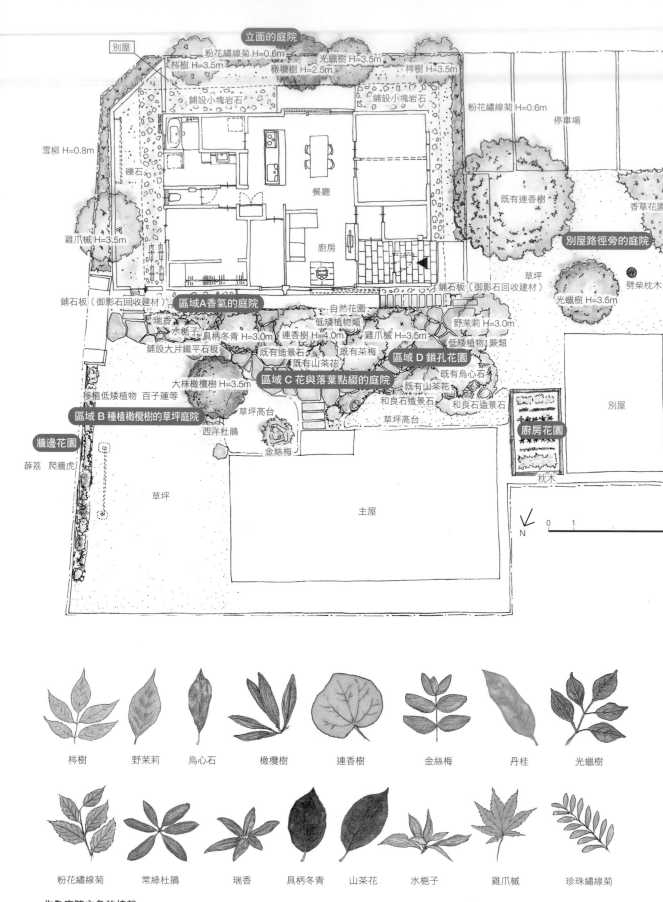

立面的庭院

別屋

粉花繡線菊 H=0.6m　　　　光蠟樹 H=3.5m

梣樹 H=3.5m　　　　橄欖樹 H=2.5m　　　　梣樹 H=3.5m

鋪設小塊岩石　　鋪設小塊岩石　　粉花繡線菊 H=0.6m

停車場

雪柳 H=0.8m

礫石

既有連香樹

香草花園

餐廳

雞爪槭 H=3.5m

廚房

別屋路徑旁的庭院

草坪

劈柴枕木

光蠟樹 H=3.5m

鋪石板（御影石回收建材）

鋪石板（御影石回收建材）

區域A香氣的庭院

自然花園

野茉莉 H=3.0m

瑞香

低矮植物類

水梔子

具柄冬青 H=3.0m　連香樹 H=4.0m　雞爪槭 H=3.5m

低矮植物／蕨類

鋪設大片鐵平石板

既有造景石　既有茶梅

區域 D 鎖孔花園

既有山茶花

既有烏心石

大株橄欖樹 H=3.5m

區域 C 花與落葉點綴的庭院

既有山茶花

移植低矮植物 百子蓮等

和良石造景石

和良石造景石

區域 B 種植橄欖樹的草坪庭院

草坪高台

草坪高台

別屋

牆邊花園

草坪高台

廚房花園

薜荔 爬牆虎

西洋杜鵑

金絲梅

枕木

草坪

主屋

N　　0　1　　　　　5m

梣樹　　　野茉莉　　　烏心石　　　橄欖樹　　　連香樹　　　金絲梅　　　丹桂　　　光蠟樹

粉花繡線菊　　常綠杜鵑　　瑞香　　　具柄冬青　　山茶花　　　水梔子　　　雞爪槭　　　珍珠繡線菊

作為庭院主角的植栽

▬ 豐富生活色彩的四個庭院

規劃庭院時，特地保留了第一代夫婦因喜愛而種植的**茶梅**、**山茶花**、**烏心石**等既有常綠樹。不管是從大門通往主屋的玄關、或從主屋玄關通往稍微有段距離的增建別屋玄關與露台，這些主要動線旁都保留著原有樹木。

考量到即使未來第一代夫婦有輪椅使用需求也能暢行無礙，通道以大片的鐵平石鋪設而成。

避開原有樹木鋪設而成的通道，形成了A到D四個區域，每個區域都為庭院增添更豐富多樣的特質。

輪椅也能暢行無阻的鐵平石通道。

| 區域A | 香氣迎人的通道

在靠近大門的這個區塊，安排了散發香甜氣息的**水梔子**、**瑞香**、**百里香**等植物，走進院子就有香氣迎面吹拂。

區域A | 在初夏飄香的水梔子

| 區域B | 氣味清爽，種植橄欖樹的草坪

由大片**草坪**打造出寬闊明亮、乾爽的庭院。**百里香**開的粉色花朵蔓延到**鐵平石**上，**橄欖樹**則是新種的。依照屋主的期望，後方再加上**白玉蘭**。

區域B | 生長在草坪間的橄欖樹，與蔓延到鐵平石上的粉色百里香花朵。

保留既有的**茶梅**外，又新種了**連香樹**、**雞爪槭**。**連香樹**的落葉會散發出焦糖般的甜美香氣，所以即使到了花季已經結束的秋末，庭院中仍能飄散著好聞的氣味。

雞爪槭

連香樹

茶梅

瑞香

繡球花

金絲梅

一葉蘭

水梔子

百里香

白芨

| 區域C | 楓葉轉紅時會散發甜美香氣的連香樹。

| 區域D | 常綠的岩石花園

　　在既有的高大烏心石樹下，形成蔭涼舒適、帶有潤澤感的庭院。這裡堆積著石塊，樹下種植著<u>蕨類</u>與**鋪地柏**、**玉簪花**、**一葉蘭**、**山菊**等低矮植物，形成岩石花園。在路徑的盡頭旁，種植著**野茉莉**。

烏心石

野茉莉

白芨

鋪地柏

區域D | 樹下的植栽與葉影，帶來陰涼潤澤的氣氛。

▬ 以樹木遮蔽視線，確保隱私

別屋北側的立面朝向道路，在客廳前種植著**橄欖樹**與**光蠟樹**遮蔽視線，也能屏蔽車輛的往來喧囂。

立面的庭院種植著
光蠟樹與橄欖樹。

▬ 庭院主角是高大的原有樹木

作為別屋通道的庭院寬敞明亮。這條路徑旁除了原先就有的高大**丹桂樹**外，還有**迷迭香**、**檸檬草**、**洋甘菊**、**薄荷**等香草類植物的香氣迎接來者。由於客廳裡有燒柴的火爐，所以在新種的**光蠟樹**下闢出砍柴的空間。為了凸顯這株高大的**丹桂樹**，附近不再種植大樹或樹下的花草，只鋪設簡單的草坪。

別屋的通道與丹桂樹。

■ 讓餐桌更愉快、美味的庭院

在主庭一旁設有廚房花園,闢出這片空間後,可以種植讓餐桌更豐盛的蔬菜與香草類植物。

6月時剛長出新芽的番茄。　8月,番茄藤已經攀爬上支架。　收成前,番茄已結實累累。

 牆前花園

■ 讓藤蔓爬滿古磚牆,達到綠化效果

常春藤

薜荔

百子蓮

在原先的庭院裡,舊混凝土牆下有種植**迷迭香**等植物的花壇。後來將花壇裡的植物移植到路徑旁的香草植物園,在此新種了**百子蓮**。另外也讓**薜荔**、**常春藤**覆蓋舊混凝土牆,形成牆面花園。

以薜荔與爬牆虎綠化牆面。

CASE 13

在廚房花園創造提高視線的留白空間

這棟位於市區近郊的住宅，有兩個四角形的屋頂。基地是東西向的長方形，位於道路交叉口旁。居住空間與餐廳‧廚房分據不同棟，是為了要讓擅長烹調的屋主將來可以開設餐廳而特意設計。準備作為餐廳的空間現在用來招待朋友，有時也舉辦品酒會等活動。除了立面的庭院以外，用來招待客人的餐廳‧廚房與客廳旁也都設有庭院。

別屋之家

所在地：岐阜縣岐阜市
構造／樓層：木造平屋建築、部分二層樓建築
家庭成員：夫婦
完工：2013年
基地面積：291.26㎡
建築面積：100.51㎡
建築設計：GA設計事務所

富有異國情調的植栽。

以耐旱植物配置

配合屋主的喜好，為了與富有異國情調的住宅搭配，在設計庭院時選擇了適合在乾燥土地生長的植物。地面先鋪上褐色系的砂石，上方再不規則地散鋪小塊岩石，展現乾燥土壤的質地，並形成自然的地面凹凸感。樹種則選種了原生於國外的**華盛頓棕櫚**、**叢櫚**、**斐濟果**、**紅千層**、**龍舌蘭**等異國樹木。

　　雖然南國的樹木多半不耐寒，但還是盡量挑選能適應岐阜市氣候的樹種。其中以**龍舌蘭**最令人擔心，但是屋主會親手為植栽除霜、除雪，讓它們健康地生長。完工後邁入第七年的庭院，在屋主悉心照料下也添加了樹種，更顯生意盎然。

（右）在悉心照料下度過寒冬的龍舌蘭。
（下）健康生長的龍舌蘭（左前方）等異國植物，與小塊岩石十分搭襯。

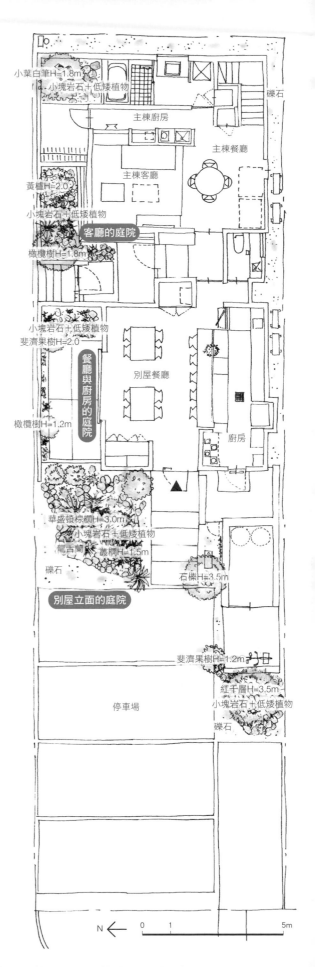

小葉白筆H=1.8m
小塊岩石＋低矮植物
礫石
主棟廚房
主棟餐廳
主棟客廳
黃櫨H=2.0
小塊岩石＋低矮植物
客廳的庭院
橄欖樹H=1.8m
小塊岩石＋低矮植物
斐濟果樹H=2.0
餐廳與廚房的庭院
別屋餐廳
橄欖樹H=1.2m
廚房
華盛頓棕櫚H=3.0m
小塊岩石＋低矮植物
龍舌蘭　叢櫚H=1.5m
礫石
石櫟H=3.5m
別屋立面的庭院
斐濟果樹H=1.2m
紅千層H=3.5m
小塊岩石＋低矮植物
停車場
礫石

N　　0　　1　　　　　5m

華盛頓棕櫚

叢櫚

紅千層

石礫

斐濟果樹

龍舌蘭

紐西蘭麻

別屋立面的庭院 | 有兩個四方形屋頂的住宅。

 餐廳‧廚房的庭院

▬ 在廚房花園植入略帶高度的樹

面向餐廳的小型植栽空間，種植了可以作為佐料的香草類，以及果實可以食用的**斐濟果樹**。在廚房花園如果以低矮的植栽為主，容易讓視線壓低，加入稍微帶有高度的**斐濟果**這類樹木，也能讓空間更顯協調。

在廚房花園裡，尤其是香草類植物在屋主的照料下，種類一年比一年豐富，也在烹調時加以活用。出於主人喜好種植、能運用在西式料理的香草植物包括有**迷迭香**、**檸檬草**、**蒔蘿**、**茴香**、**檸檬香蜂草**、**薰衣草**等。另外也有和風的香草如**山椒**、**茗荷**。本頁的各式料理照片都由屋主拍攝（包含頁94、頁95）。在廚房花園收成的作物，可以用來烤麵包、製作醃漬物，也能當成香料、點綴餐桌等，運用範圍相當廣泛。

聽到屋主説「想用香草時立刻能從庭院現採，真的很開心。因為能採的分量很多，會毫不吝惜地運用在各式菜餚，也可以浸在酒裡。」這對設計者來説，真是令人再開心不過的評語。

可以運用在烹調的植栽。

橄欖樹

黃櫨

紐西蘭麻

玉簪花

兩面複葉耳蕨

紅背耳葉馬藍

礬根

搭配質感與色彩種植的低矮植物。

餐廳‧廚房有時也會充當攝影棚。

垂吊的玲瓏冷水花，為屋內增添綠意也帶來潤澤的舒適感。

 客廳的庭院

室內植栽與私人花園

餐廳‧廚房有吧檯與六人座位的餐桌，由於屋主希望在室內也能引進綠意，所以從垂著吊燈的鋼梁懸掛**玲瓏冷水花**。

另外，從餐廳望出去的庭院，由於有用來遮蔽視線的木板牆作為背景，所以很容易打造庭院的景觀。因應屋主的期待，庭院裡叢群地種了**黃櫨**等植栽。主角是**橄欖樹**、接近地面有**攀根**、**蕨類**、**紐西蘭麻**、**玉簪花**等。這裡安排的植物種類很多，包括紫色的**彩葉植物**等，讓葉片的色彩與質感呈現不同變化。

從落地景觀窗望出去的私人花園景致。

CASE 14

含羞樹

與空間相融的鬆餅格狀室內花園

這是為三代同堂、六人共居的鋼筋混凝土二層樓住
宅所設計的室內庭院。這棟房子的二樓有大開口的
天井，陽光流瀉而下；由於有這樣的空間，因此接
受建築師「能否在此處設計庭園？」的委託，打造
了這裡的室內庭園。

羽根北之家

所在地：愛知縣岡崎市
構造／樓層：木造二層樓建築
家庭成員：祖父母＋夫婦＋3子
完工：2014年
基地面積：176.47㎡
建築面積：92.09㎡
建築設計：佐佐木勝敏設計事務所

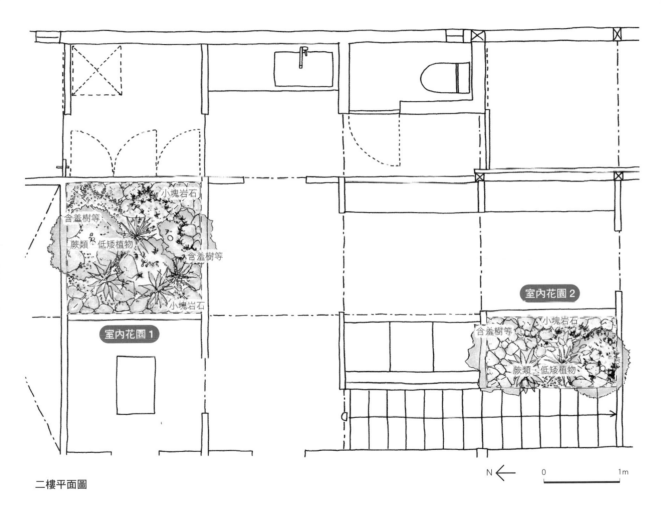

二樓平面圖

室內花園 1

室內花園 2

小塊岩石

含羞樹等

蕨類·低矮植物

含羞樹等

小塊岩石

小塊岩石

含羞樹等

蕨類·低矮植物

N

0   1m

室內花園 | 走上樓梯後，植栽從上方覆蓋而下，彷彿迎接著人們。©Katsutoshi Sasaki

愛心榕

含羞樹

七里香

呈鬆餅格紋狀配置的室內花園1的植栽帶。©Katsutoshi Sasaki

■ 融入室內環境的植栽

二樓的空間等於是個大房間，到天井為止沒有支撐的柱子或牆壁，只有以900mm腰牆來將空間區分成「鬆餅格狀」的各個空間，並搭配從天花板向下延伸的垂壁來劃分區域。置身其中時可坐可臥，視線朝下就能擁有私人空間，反之起身的話就能跟其他領域互通，方便溝

通，是很有趣的隔間策略。

按照計畫，在這些「鬆餅格」中有兩格闢為植栽帶。建築師預先設計了可以讓太陽光投射入內的天窗，由於可以開闔，形成通風良好的環境。

愛心榕

含羞樹

室內花園2｜以鈕扣藤、蕨類與小塊岩石搭配，讓空間呈現出仿若在戶外的印象。©Katsutoshi Sasaki

 室內花園2

▬ 富有躍動感的綠意

一般室內中庭經常以玻璃等材質區分內外。這麼一來植物可以接觸到露水，中庭也能達到通風良好以及保持濕潤的效果。不過這次的空間是植物無法接觸露水的空間，因此在設計庭院時，以適合在室內栽種的觀葉植物如**愛心榕**、**含羞樹**、**七里香**等為主。

為了在腰牆內置入土壤，必須在二樓進行防水與排水等建築工程，也要配置二樓可以承受的土壤重量。在盛入土壤前，在底部鋪上作為排水層的墊子，為了不讓植物的根部過度延伸造成破壞，先在四周鋪上防根墊再填入土壤。土的種類則採用適合屋頂綠化時使用的輕盈土壤，作為植栽的基礎。

這裡的植栽帶不只是在鬆餅格子空間內填入綠意，同時也是連結整體空間的植栽計畫。為了創造富有躍動感的綠意，讓人忘了自己置身在室內，這裡種植了**鈕扣藤**與**蕨類**、並加上蘭花類共六種富有特色的植栽。空白處則鋪滿小塊岩石，雖然位於室內，卻試圖營造出戶外地面的效果。

由於花園位於室內，澆水時不能使用水管，而是利用噴霧器或澆花器來澆灌。庭院完工後已過了數年，樓梯旁的**含羞樹**已經長大到足夠遮蔽樓梯。由於是遠比花盆大的植栽帶，所以植物應該能夠生長茁壯吧。

CASE 15

設置在3坪大空間裡的茶事動線

這是曾經在《那麼，就搬去京都住吧》一書中登場、
已有相當歲月痕跡的京都町家改建案例。這棟木造
二層樓建築建於1910年，約三坪大的庭院經過改建
後，現在庭院裡仍留存的原有物包含造景石、賞雪石
燈籠、手水鉢的小池、丹桂、珊瑚樹。包括留下既有
元素或不予保留，我總共提出九種庭院設計的提案。

京都GAE町屋

所在地：京都府京都市
構造／樓層：木造二層樓建築
家庭成員：夫婦
完工：2011年
基地面積：75.6㎡
建築面積：56.5㎡
建築設計：一級建築士事務所河井事務所

要保留與不保留的原有元素，都經過仔細選擇。

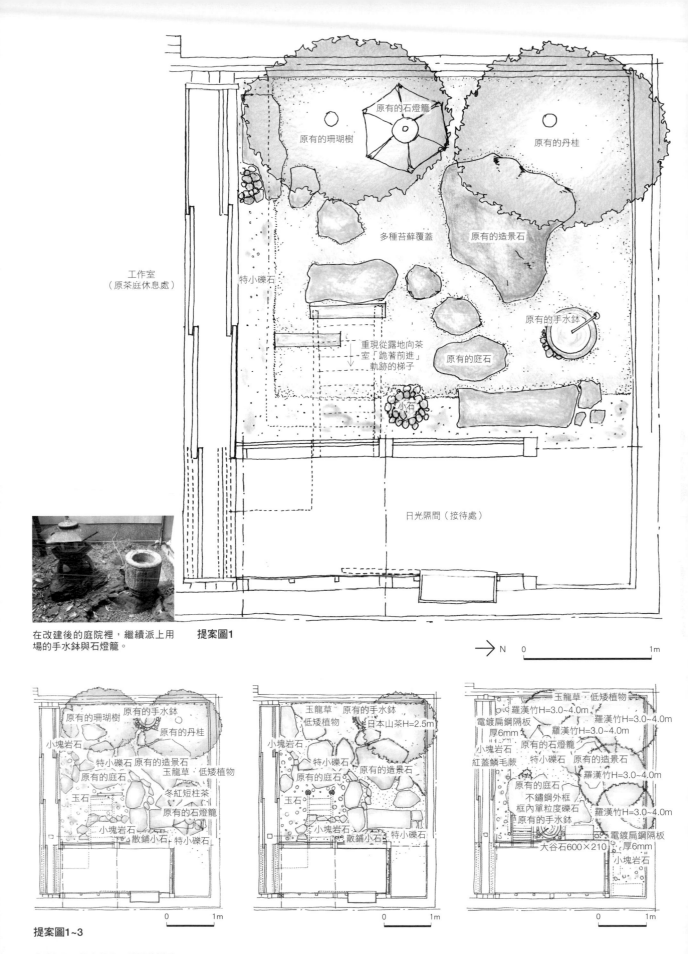

原有的石燈籠

原有的珊瑚樹

原有的丹桂

多種苔蘚覆蓋

原有的造景石

工作室
（原茶庭休息處）

特小礫石

重現從露地向茶室「跪著前進」軌跡的梯子

原有的手水缽

原有的庭石

小石

日光隔間（接待處）

在改建後的庭院裡，繼續派上用場的手水缽與石燈籠。

提案圖1

→ N　0　　　　　　　　1m

提案圖1

原有的珊瑚樹　　原有的手水缽
小塊岩石　　　　　　　原有的丹桂
特小礫石　原有的造景石
玉龍草・低矮植物
原有的庭石
玉石
冬紅短柱茶
原有的石燈籠
小塊岩石
散鋪小石・特小礫石

0　　　　1m

玉龍草　原有的手水缽
低矮植物
日本山茶H＝2.5m
小塊岩石
特小礫石
原有的造景石
原有的庭石
玉石
小塊岩石　散鋪小石　特小礫石

0　　　　1m

玉龍草・低矮植物
羅漢竹H＝3.0～4.0m
電鍍扁鋼隔板　羅漢竹H＝3.0～4.0m
厚6mm　羅漢竹H＝3.0～4.0m
小塊岩石　　　原有的石燈籠
紅蓋鱗毛蕨　特小礫石　原有的造景石
原有的庭石　　羅漢竹H＝3.0～4.0m
不鏽鋼外框
框內單粒度礫石
原有的手水缽
大谷石600×210　　　電鍍扁鋼隔板
厚6mm
小塊岩石

0　　　　1m

提案圖1~3

主庭｜為了登上茶室而設置的梯子。

━架設梯子以登上茶室的露地庭院

首先，依據小水池保留與否而發展出不同提案。由於是作為度假用的小屋，所以屋主擔心水池孳生孑孓的問題；就算養魚，也不方便餵飼料，因此決定選擇不保留水池的提案。基本上在造景時，都會儘量運用既有的元素，這次卻跟屋主仔細討論各項細節，包括保留水池與否、是否增種樹木、地被植物的種類選擇以及原有造景石的配置等。

最後決定的設計案，保留了原有的樹木、改變造景石的配置，並且選擇**苔蘚**作為地被植物。順帶一提，這棟房子二樓的部分設有茶室，走進庭院後使用手水缽洗手，再登上梯子前往茶室的動線相當獨特。因此，這片庭院也兼有茶庭的功能，梯子在建築師的安排下，成為另一種茶室入口的變貌。為了避免梯子壓傷**苔蘚**，特別在庭院地面設置了鐵製的外框；但又想讓外框徹底融入庭院，因此建築師參考了八橋意象的巧思：在兩欄外框中，一列不架設梯子、鋪上**苔蘚**，另一列則盛入礫石，梯子必須架在礫石上使用。面向庭院的工作坊與日光隔間，作為提供小歇與會面的場所，踏腳石的鋪設則引導如穿越庭院、汲取手水缽的水、踩著梯子登上茶室等，打造出茶道作業的一連串動線。

從室內望見的町家庭院。©平井廣行

─ 欣賞混植苔蘚的變化

混植了五種苔蘚的地面。

利用原有的手水鉢。

在改裝時也嘗試了幾種不同安排。

跟建築師討論後,地被植物決定採用**苔蘚**。雖然只是小小的坪庭,不過這片空間裡有牆與樹木的陰影遮蔽,具備了各種各樣的日照條件。我們想知道在庭院平常的日照條件下若無法頻繁澆水,究竟哪一種苔蘚可以存活下來,所以混植了五種苔蘚。

考量日照等條件後,將**砂蘚**、**檜葉金髮蘚**、**白髮蘚**、**灰蘚**、**短肋羽蘚**以馬賽克狀排列。**砂蘚**偏好有充足日照的位置,**灰蘚**、**白髮蘚**、**檜葉金髮蘚**則適合半日照的環境,**短肋羽蘚**喜歡陰涼處。為了讓**苔蘚**接觸到適量的日照,要定期修剪**丹桂**,讓陽光可以穿過葉隙。目前以灰蘚生長得最好。

這次的改建過程中,最後決定在庭院裡新增的是**苔蘚**、礫石、流水竹筧,其他則是利用既有的元素。

屋主邀請我今後繼續為庭院帶來一些變化。這次為了整理庭院與屋主夫婦會面時,聽到了許多生活小插曲──雖然是只有假日才來的小屋,仍會遇見有小鳥降落在前方的坪庭、發現各類**苔蘚**的生長變化等,自然而然感受到屋主對庭院的愛好,著實令人欣喜。

四照花

垂絲衛矛

玉龍草

保留原有的石燈籠，設計出二代宅的主庭。© Masato Kawano / Nacasa& Partners

雞爪槭

羅漢竹

在賞花席位上流連忘返的庭院設計

這棟二代宅位於岐阜縣岐阜市，建於長良川沿岸的住宅區。規劃位於子世代住宅前的主庭、二代共用停車場的立面庭院，以及聯繫不同世代居住空間的過道庭院。這個案例妥善運用第一代留下來的庭院，重新進行規劃。

長良川的二代宅

所在地：岐阜縣岐阜市
構造／樓層：木造建築二層樓住宅
家庭成員：祖父母＋夫婦＋3子
完工：2011年
基地面積：635.20㎡
建築面積：217.78㎡
建築設計：acaa

107

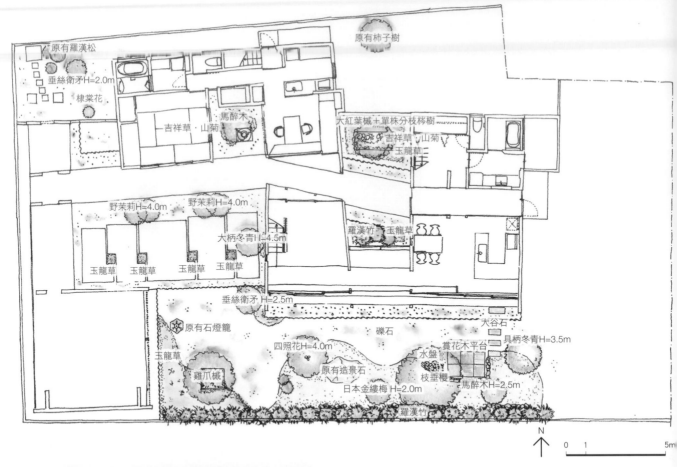

原有柿子樹

原有羅漢松

垂絲衛矛H=2.0m

棣棠花

吉祥草・山菊

馬醉木

大紅葉槭＋單株分枝栲樹

吉祥草・山菊
玉龍草

野茉莉H=4.0m

野茉莉H=4.0m

大柄冬青H=4.5m

羅漢竹 玉龍草

玉龍草 玉龍草 玉龍草 玉龍草

垂絲衛矛 H=2.5m

大谷石

原有石燈籠

玉龍草

四照花H=4.0m

礫石

賞花木平台

具柄冬青H=3.5m

水盤

雞爪槭

原有造景石

枝垂櫻

日本金縷梅 H=2.0m

馬醉木H=2.5m

羅漢竹

N

0 1 5m

並列種植的羅漢竹。© Masato Kawano / Nacasa & Partners

▬ 帶有懸浮感的賞花席位

在子世代的主庭，保留了過去庭院的石燈籠與長苔的造景石。為了讓住戶可以在**枝垂櫻**下賞花，設置了規格 1800 × 1800 mm 的座席平台。木質平台以鋼製細腳微微抬升，讓平台彷彿浮在空中。平台內側的榻榻米是樹脂製，可以在戶外使用。為了襯托春季飄散的**枝垂櫻**花瓣，榻榻米的顏色採用黑色。而且榻榻米可以取出，在花季外的時節可以把榻榻米移走，作為木平台使用。

從房屋緣側到賞花席位之間，以厚實的大谷石鋪設踏腳石，讓住戶可以輕鬆地從室內通往櫻花樹下。

（上）正在享受賞花之樂的屋主一家。
（下）可供戶外賞花的平台。© Masato Kawano / Nacasa & Partners

枝垂櫻

羅漢竹

具柄冬青

馬醉木

（上）為主庭設置擋土牆，讓賞花平台融入造景中。
（下）銜接緣側與木平台的主庭，以大谷石砌成的石
階。© Masato Kawano / Nacasa & Partners

▪ 別具風情的火山熔岩假山

主庭以**櫻花樹**與木平台為中心，為了給平坦的地形帶來變化，利用既有的造景石堆成**草坪**上的假山。因為想讓木平台看起來像是嵌入**草坪**上的假山，所以在木平台旁堆砌石塊，同時作為擋土牆。砌石採用黑色的**火山熔岩石**，與外牆的黑色碳化杉板正好可以搭配。另外，假山的線條是從長良川獲得的靈感；地上鋪的礫石則是要襯托水流。木平台旁的砌石設有不鏽鋼出水口，底下設計成小水池，將流水的聲音也融合成景色的一部分。

為了打造從室內望向窗外時的背景，庭院外圍種植整排的**羅漢竹**，形成**竹籬**。

（上）氣派的原有造景石。© Masato Kawano / Nacasa & Partners
（下）半庭｜草坪上的假山與木平台間的水流。

火山熔岩石堆

不鏽鋼出水口

▬ 兼作停車空間的立面

建築師將預留的停車空間設計成有間隔的混凝土地面，中間可以栽種植物，因此在混凝土的空隙間種植**玉龍草**。停車空間的側面與後方則安排低處不長樹枝的**野茉莉**與**大柄冬青**，作為修飾。

由混凝土與玉龍草組構而成的停車空間。

▬ 明暗分明的く字形通道

親世代與子世代往來經過的玄關通道呈く字型彎曲，成為只有局部採光的陰暗空間。過道途中會看到三處有陽光照射的小坪庭，與陰暗的通道形成對比，相當明亮。這些坪庭分別由水、**竹子**、山野等不同景致構成。

日照受到限制，呈く字型彎曲的通道。

■ 水的景色、竹子的景色、山野的景色

|坪庭A |藉由馬醉木美化的坪庭。

|坪庭A | 位於親世代玄關前的坪庭，由水的景色構成。重新利用原有庭院裡的菊型手水鉢，並新植一株**馬醉木**美化景觀。為了讓引水管顯得俐落，選用鍛冶過的導管。從親世代住處的客廳也可以欣賞這片景色，感受流水的聲音與動態。

|坪庭B | 從子世代住處的日光室望出去的坪庭是由**竹子**構成。這裡種植的是**羅漢竹**，仰望日光室的天窗時，清爽的景象令人聯想到竹林。

|坪庭C | 最後是以**楓樹**和**大柄冬青**構成的山野景色，種下的是從山上挖掘而來、兩棵樹緊挨在一起生長的混株。為了在坪庭有限的空間塑造出豐富的景色，因此特別選擇了只種植一棵樹就能欣賞到兩種植物的植栽；同時也增植**山菊**、**吉祥草**、**玉龍草**等低矮植物來修飾景色。

坪庭A |菊型手水鉢與不鏽鋼引水管。

坪庭B |隔著玻璃窗，可以看到羅漢竹。

坪庭C |大柄冬青與楓樹的混株。

楓樹

垂枝日本扁柏

簡化既有庭院，銜接內外空間

配合位於廣大建地內的住宅改建，庭院也跟著進行整修。住宅內的土間與露台具有連接前後庭院的功能，這次改建計畫的重點是打造能在兩座蓊鬱的庭院來回走動的小徑。

刈谷之家

所在地：愛知縣刈谷市
構造／樓層：木造二層樓建築
家庭成員：祖父母＋夫婦＋子
完工：2017年
基地面積：1201.26㎡
建築設計：SUPPOSE DESIGN OFFICE

蚊母樹

羅漢松

杜鵑花

山茶花

一葉蘭

透過住宅開口可以看到後院蓊鬱的樹木。©Toshiyuki Yano

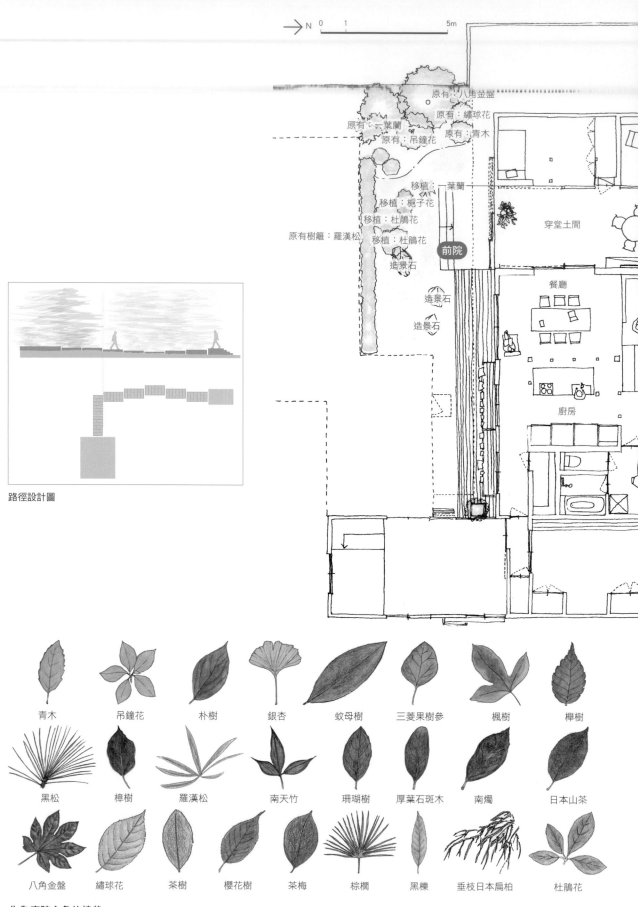

N 0 1 5m

原有：八角金盤
原有：繡球花
原有：一葉蘭
原有：吊鐘花
原有：青木

移植：一葉蘭
移植：梔子花
移植：杜鵑花
移植：杜鵑花

原有樹籬：羅漢松

前院

造景石

造景石

造景石

穿堂土間

餐廳

廚房

路徑設計圖

青木	吊鐘花	朴樹	銀杏

蚊母樹　三菱果樹參　楓樹　櫸樹

黑松　樟樹　羅漢松　南天竹　珊瑚樹　厚葉石斑木　南燭　日本山茶

八角金盤　繡球花　茶樹　櫻花樹　茶梅　棕櫚　黑櫟　垂枝日本扁柏　杜鵑花

作為庭院主角的植栽

116

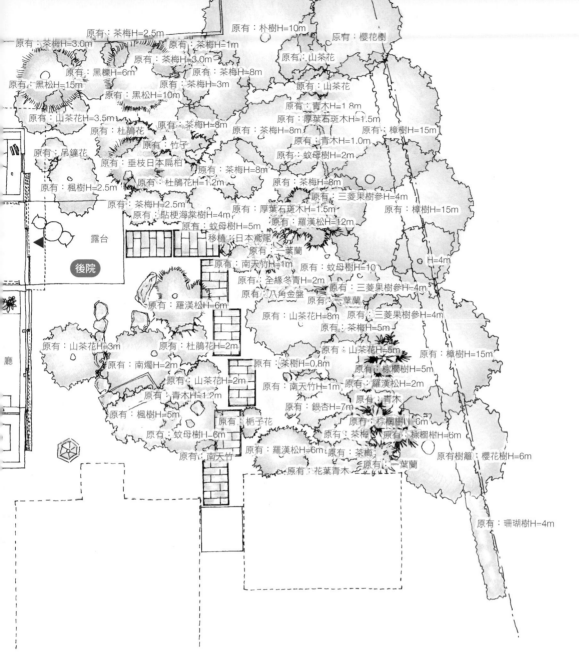

原有：茶梅H=3.0m
原有：茶梅H=2.5m
原有：茶梅H=1m
原有：朴樹H=10m
原有：櫻花樹
原有：山茶花
原有：黑櫟H=6m
原有：茶梅H=3.0m
原有：茶梅H=8m
原有：黑松H=15m
原有：黑松H=10m
原有：茶梅H=3m
原有：山茶花
原有：山茶花H=3.5m
原有：青木H=1.8m
原有：厚葉石斑木H=1.5m
原有：茶梅H=8m
原有：樟樹H=15m
原有：杜鵑花
原有：茶梅H=8m
原有：青木H=1.0m
原有：吊鐘花
原有：竹子
原有：蚊母樹H=2m
原有：垂枝日本扁柏
原有：茶梅H=8m
原有：杜鵑花H=1.2m
原有：楓樹H=2.5m
原有：茶梅H=2.5m
原有：厚葉石斑木H=1.5m
原有：三菱果樹參H=4m
原有：樟樹H=15m
原有：貼梗海棠樹H=4m
原有：羅漢松H=12m
原有：蚊母樹H=5m
移植：日本鳶尾
原有：二葉蘭
原有：蚊母樹H=10
原有：南天竹H=1m
原有：全緣冬青H=2m
原有：三菱果樹參H=4m
原有：羅漢松H=6m
原有：八角金盤
原有：二葉蘭
露台
後院
原有：山茶花H=8m
原有：三菱果樹參H=4m
原有：茶梅H=5m
原有：山茶花H=3m
原有：杜鵑花H=2m
原有：山茶花H=5m
原有：樟樹H=15m
原有：茶梅H=0.8m
原有：棕櫚樹H=5m
原有：南燭H=2m
原有：羅漢松H=2m
原有：山茶花H=2m
原有：南天竹H=1m
原有：羅漢松H=2m
廳
原有：青木H=1.2m
原有：青木
原有：楓樹H=5m
原有：銀杏H=7m
原有：棕櫚樹H=6m
原有：蚊母樹H=6m
原有：栀子花
原有：茶梅
原有：棕櫚樹H=6m
原有：羅漢松H=6m
原有：茶梅H=5m
原有：南天竹
原有：茶梅
原有：二葉蘭
原有：花葉青木
原有樹籬：櫻花樹H=6m
原有：珊瑚樹H=4m

後院1

■將原有庭院裡的樹林發揮最大效用

寬廣的基地內，以**樟樹**為首，原本就生長著**櫻花樹**、**黑松**等高大樹木，像森林般茂密，還有**南燭**、**山茶花**、**茶梅**、**楓樹**等樹木也生長得很繁茂。另一方面庭院中的石燈籠、手水鉢、造景石等石材散布各處，已經不再使用的曬衣架等物品也隨意散放，讓有些地方顯得雜亂。

如果將這些條件藉由一個要素將整體統合起來，應該就可以構成相當豐富的景色。為了讓置身在森林的氛圍更加鮮明，所以完全沒有新增任何一株植栽，只利用庭院原有的植物展現新風貌。

後院的路徑被如同森林般茂密的樹木圍繞。

羅漢松

杜鵑花

南燭

山茶花

梔子花

後院｜穿越庭院既有樹木的小徑動線。

◼ 通往室內土間的路徑

後院 | 從庭院直接通往室內土間的路徑。

內鋪灰色石板，並以磷酸加工處理過的鐵板框。

改裝後的住宅有著開放且通風良好的穿堂土間，後方是露台。從庭院通往露台的新闢通道，則穿過庭院樹木較稀疏處。在開闢路徑時，沿途必須除去的灌木與低矮植物也沒有丟棄，而是移植到後院。

由於通道高度大約比地面高600mm，為了緩和與庭院的高低落差，運用數個高度不同的鐵板外框，接續成階梯狀的通道。這段戶外通道以石灰石鋪設表面，與混入炭的砂漿鋪設的露台、穿堂土間呈現同色系的灰色，富有整體感。鐵板框也以磷酸處理經過鍍錫加工，跟石板呈現相同的顏色。

前院

◼ 從後院看見連貫的空間與天井

一開始建築師曾表示，希望從穿堂土間望向前院與後院的景色可以具有連貫的一致性。然而前院原先沒有大樹，從後院移植過去也有些難度；為了延續土間的綠意，在室內擺設種在花盆裡的觀葉植物 **馬拉巴栗**，反映出景觀的階段性變化。

室內以穿堂土間連貫前後院。©Toshiyuki Yano

楓樹

茶梅

從穿堂土間望向後院的通道。©Toshiyuki Yano

羅漢松

杜鵑花

後院3

■ 適度梳理眼前景色

對庭院原有的樹木進行修剪,讓樹形看起來更清爽;石燈籠搬到更適當的位置後,庭院裡原有的石頭也當成造景石利用。在通道旁擺設造景石,並移植低矮植物,在景觀設計的安排下,落葉殘留在地面的自然景象會讓小徑看起來就像是庭園的一部分。晾衣場位於庭院看不到的地方,在設計庭院時儘量將雜物隔絕在視線範圍外。

CASE 18

保留在地原生植物，延續當地景觀

屋主買下這片土地，是為了能感受季節變遷，過著
由綠意圍繞的生活。從木造的二層樓住宅，可以望
見當年種植的群樹形成的蓊鬱綠地。喜愛植物的屋
主希望能打造出「隱沒在綠意中的家」。

筑波之家

所在地：茨城縣筑波市
構造／樓層：木造二層樓建築
家庭成員：屋主本人
完工：2013年
基地面積：200.83㎡
建築面積：77.59㎡
建築設計：GA設計事務所

過道的庭院｜因為會看到房屋右側的建築物，因此安排高大的樹木遮蔽。

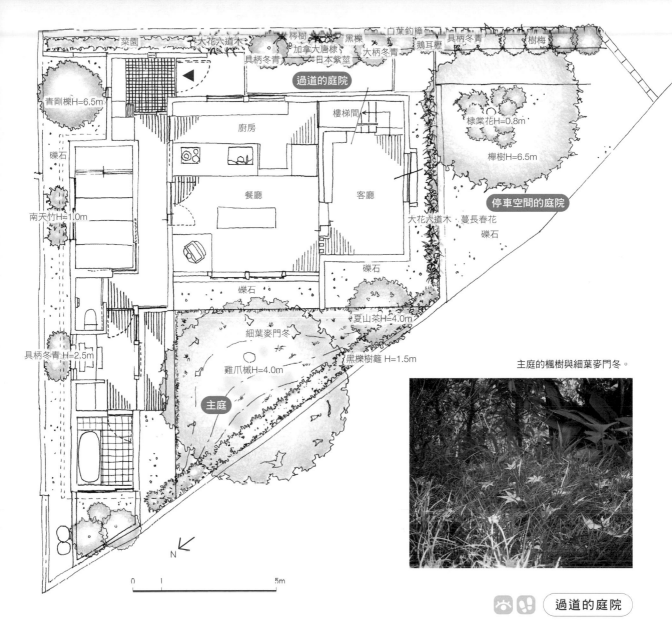

菜園　大花六道木　柃樹　黑櫟　白葉釣樟　具柄冬青　樹梅
加拿大唐棣　　鵝耳櫪
具柄冬青　六日本紫莖　大柄冬青

過道的庭院

青剛櫟H=6.5m

礫石

廚房

樓梯間

棣棠花H=0.8m

櫸樹H=6.5m

停車空間的庭院

南天竹H=1.0m

餐廳

客廳

大花六道木・蔓長春花
礫石

礫石

夏山茶=4.0m

具柄冬青H=2.5m

細葉麥門冬

雞爪槭H=4.0m

礫石

黑櫟樹籬 H=1.5m

主庭

N

0 1　　　　　　5m

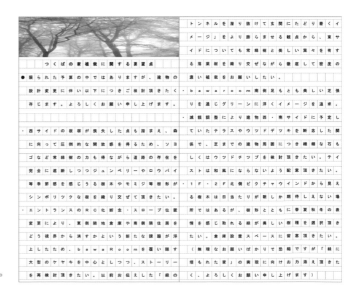

主庭的楓樹與細葉麥門冬。

過道的庭院

▬ 會成長的綠色隧道

過道庭院裡，由常綠樹與落葉樹交織出綠色隧道。經過包含**柃樹**、**合歡樹**等落葉樹，常綠樹的**具柄冬青**、灌木中的**大花六道木**，以及眼前的**櫸樹**，就可以通達玄關。

　　後來屋主又新種了**大柄冬青**、**白葉釣樟**等樹，持續更新庭院的景致。

屋主所提出對理想中庭園的要求。

豐富四季變化的高大楓樹

屋主曾表示希望能在庭院種植具有象徵性的**楓樹**，而且最好搭配美麗的**草坪**、可以遮蔽屋外道路的常綠樹，並且也希望從室內踏入庭院時能沿著石階走下。

因此，在主庭種植了氣派的高大**雞爪槭**，繁茂枝葉能覆蓋一樓的大片落地窗；也考量從二樓望出去的視野，選擇高度適中、枝葉伸展富有動態的樹形。

要將樹從樹園運來時，發現樹型大到卡車上只能載這株**楓樹**。考量到用卡車運送成本，如果想選擇較為高大的樹木，種植場地距離越近越好。為了在室內時可以不受室外道路行車影響，路旁也種植了屬於常綠樹的**黑櫟**。雖然地面種植了**草坪**，但是由於有樹蔭遮蔽，長得並不好，所以後來屋主自己又種了灌木**野扇花**跟地被植物**細葉麥門冬**。

從餐廳望向主庭。前方枝葉伸展開來的樹木，正是生意盎然的楓樹。

尋覓當地原生樹木

通常在設計景觀時，並不會特別拘泥於樹木原生於哪裡，不過這次考量到土質與風土條件，選擇在同樣位於茨城縣，離業主家比較近的園藝公司來購買**楓樹**等植栽；一邊構思屋主要求與造景計畫，一邊尋找適合庭院各位置的樹，於是找到符合理想、獨一無二的樹木。

位於主庭的楓樹，與從一樓餐廳、二樓寢室都可以欣賞景觀的大片落地窗。

■ 樓梯間一景

從樓梯間所面向的景觀窗裡，可以看到**青剛櫟**的樹影。這株**青剛櫟**也是高6.5公尺的大樹，從與二樓地板等高的視線望出去，就可以看到枝葉開散的窗景。

此外，本書中所使用關於此案例的照片都來自屋主的instagram（@forestgreen1510），能夠清楚看到庭院一年四季的不同面貌。

從北側二樓的樓梯間，可看到帶有濃郁綠意的景色。

 停車場的小庭院

■ 遮蔽視線的櫸樹

屋主希望朝向停車空間的房間窗口能有綠意覆蓋，為了不輸給對面綠地生意盎然的景致，選種了高6.5公尺的**櫸樹**；如此一來，從朝向停車空間的窗口也可以透過**櫸樹**的變化感受到季節軌跡。

（左）道路旁停車空間的小庭院。
（右）從室內可以看到停車空間的櫸樹。

CASE 19

洋玉蘭

狹葉十大功勞

珍珠繡線菊

山菊

日本鳶尾

玉龍草

以通道及家族記憶為靈感的庭園之景

這是住有四口之家的二層樓木造住宅,以基地上原有、近6公尺高的洋玉蘭樹為庭園主角。建築師設計師特別將這株洋玉蘭樹原地留植在玄關旁,作為新住宅的門面迎接來訪的賓客。每年一到初夏,洋玉蘭樹就會綻放雪白的大花,屋主與經過的人們都能享受花景。除了有洋玉蘭樹的立面庭院之外,另外也以木平台為中心設計了中庭。

M Residence

所在地:岐阜縣岐阜市
構造/樓層:木造二層樓建築
家庭成員:夫婦+子2人
完工:2009年
基地面積:294.48㎡
建築面積:175.89㎡
建築設計:GA設計事務所

為了保留舊家的回憶,在立面庭院留下洋玉蘭樹。

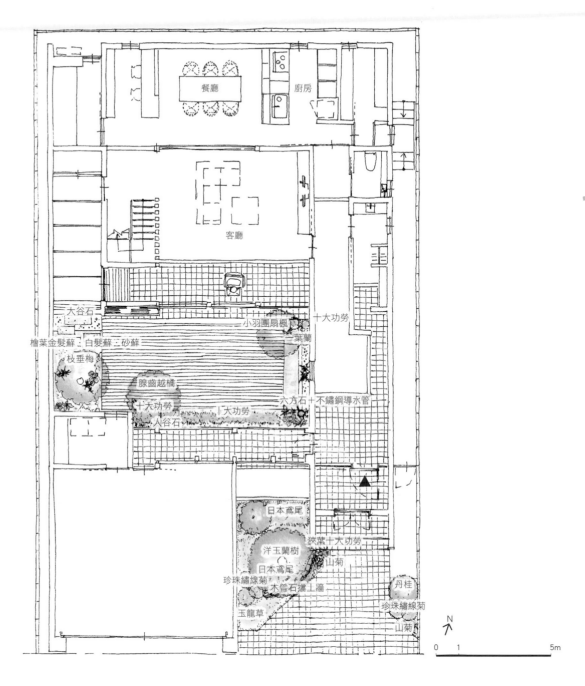

大谷石
檜葉金髮蘚・白髮蘚・砂蘚
枝垂梅
腺齒越橘
十大功勞
大谷石
小羽團扇楓
十大功勞
一葉蘭
六方石＋不鏽鋼導水管
大功勞
日本鳶尾
洋玉蘭樹
狹葉十大功勞
日本鳶尾
山菊
珍珠繡線菊
木曾石擋土牆
丹桂
玉龍草
珍珠繡線菊
山菊

餐廳
廚房
客廳

N

0　1　　　　　5m

立面的庭院

▬ 既有樹木的保留方式

保留在立面庭院的**洋玉蘭**位置高於新通道地面的磁磚，為了不讓樹根露出來，所以必須設立擋土牆。擋土牆相當於半徑700mm左右的四分之一圓，以**和良石**堆砌成300～400mm。**和良石**是來自岐阜縣的石材，形狀平坦而且適合板狀積砌，因此用來砌擋土牆再適合不過。就算擋土牆的高度偏低，也能以圓弧狀細密地堆砌。在**洋玉蘭**樹下及附近的植栽空間，以**玉龍草**及**日本鳶尾**作為地被植物，加上印象柔和的**珍珠繡線菊**，構成明亮且生

意盎然的庭院。

保留原有樹木的好處，是能夠感受到樹木自落地生根以來的時光累積。藉由庭院能夠保有居住者的回憶，也能增進對新建築的感情。

樹齡越老的樹木，最好儘量避免移植；這是因為生長多年的樹木多半已盤根錯節，務必向專家諮商後再進行。移植對樹木會造成相當大的負擔，位置也不能反覆更動，必須先經過謹慎評估。

中庭 | 外廊道與木平台。

▬ 襯托水聲意趣的風雅造景

車庫後側有通往玄關的外廊，外廊也面向中庭。比客廳矮150mm、鋪設磁磚的土間，位於室內並面向著中庭，向外與木平台相連。木平台位於中庭的中心，石磚鋪成的淺池與從和室望見的坪庭，各自位於木平台的兩端。

　　置於中庭的淺池是由稱為**六方石**的柱狀石砌成，配置排水管穿透底部，並以鍛造過的不鏽鋼導水管引水；透過玄關的地窗能看見水光搖曳透映涼意，迎接來客。木平台量體與淺池池緣的石磚表面有一部分疊合起來，因此站在木平台感覺立刻可以接觸水面。淺池鋪設的石磚與木平台出自建築師的構想，其他的細節則是由筆者設計。不鏽鋼導水管從一開始就請鋼鐵廠鍛烤過，呈現沉穩的黑色，跟六方石的質感與色澤互相搭配；導水管從稍有高度的地方引水落下，刻意設計出「落水聲」。

中庭 | 柱狀的六方石。

不鏽鋼導水管

十大功勞

中庭 | 經高溫鍛烤處理的不鏽鋼導水管，引水流入淺池。

▪ 融合出「和風」的景致與素材

從和室望見的坪庭枝垂梅。

坪庭的主角是**枝垂梅**。改建前的舊宅裡原有株屋主相當喜愛的**枝垂梅**，本來也想移植到庭院，但由於季節不適合移植而不得不砍除，後來又植入新株。地面則搭配生意盎然的**苔蘚**、**山菊**、**蕨類**等植物。坪庭的一部分位在屋簷下，由鐵框區隔，並鋪滿邊角磨圓的小石頭。此處也是和室通往中庭木平台的動線一部分，因而鋪上**大谷石**板打造整體感；同時，由於是銜接室內與庭院的坪庭，所以規劃時刻意將地面高度維持與和室一致。

山菊

紅蓋鱗毛蕨

玉龍草

檜葉金髮蘚・白髮蘚・砂蘚

邊角磨圓的小石頭

大谷石

坪庭內邊角磨圓的小石頭與大谷石板。

CASE 20

橄欖樹

大花六道木

大花六道木

大花六道木（霍普利斯種）

錦熟黃楊

玉簪花

百里香

百子蓮

享受異國情調的庭園細節

這是建於郊外住宅區的鋼筋混凝土二層樓建築，附有中庭，建築呈口字形。喜愛衝浪的屋主希望庭院能帶有令人聯想到峇里島或夏威夷的南國風情。立面有附屋頂的車庫，可以停兩輛車，另外的通道空間也可以作為備用停車位，再停一輛車。在通道旁也有相當充裕的植栽空間。

岡崎之家
所在地：愛知縣
構造／樓層：鋼筋混凝土二層樓建築
家庭成員：夫婦2人
完工：2010年
基地面積：225.34㎡
建築面積：108.91㎡
建築設計：GA設計事務所

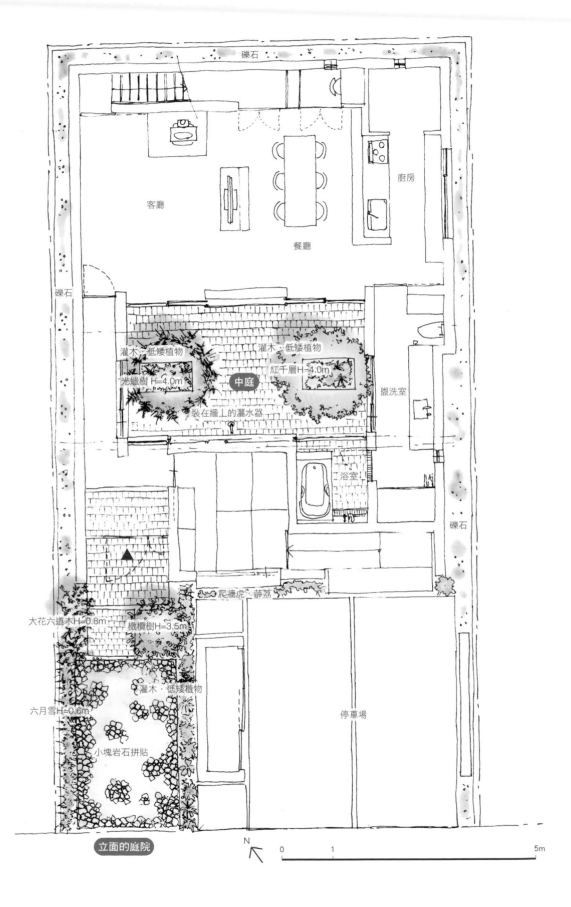

礫石

客廳

廚房

餐廳

礫石

灌木・低矮植物　　灌木・低矮植物

光蠟樹 H=4.0m　　中庭　　紅千層H=4.0m　　盥洗室

裝在牆上的灑水器

浴室

礫石

爬牆虎・薜荔

大花六道木H=0.8m　橄欖樹H=3.5m

灌木・低矮植物

六月雪H=0.6m　　　　　　　　　　停車場

小塊岩石拼貼

立面的庭院

N

0　　　　　1　　　　　　　　　　　　　5m

立面的庭院 | 由小塊岩石拼貼成的路面，剛完工時的樣子。

鋪石地面與成排種植的豐富花草

完工後邁入第八年的立面庭院。植栽長得更茂盛。

為了要與可停兩輛車的混凝土車庫地面形成對比，兼作備用停車空間的通道更偏重素材的質感：建築內的玄關門廊與階梯採用褐色系的手工地磚，為了讓顏色協調，通道地面選擇小塊的燧石。小石塊也可以直接鋪在地面，不加以固定來展現粗獷的風格，不過考量到此處可能會有車停放、也會有人經過，所以還是儘量排列整齊後固定。

玄關階梯旁種植著**橄欖樹**，四周與停車場旁種植了**百里香**、**奧勒岡**、**多花素馨**、**迷迭香**、**鋪地柏**、**百子蓮**、**紐西蘭麻**、**玉簪花**等灌木與低矮植物，靠近鄰家的階梯旁種植了**大花六道木**，石鋪地面旁則搭配**六月雪**。建築與石磚等建材的直線與植物的曲線交織搭襯，形成美麗的對比。現在完工後已經十年，植栽生長得更茂盛，形成令人十分舒適的通道。

在土壤表面鋪滿木屑，讓地面的土壤完全不會露出，徹底覆蓋。這樣除了可以避免土壤過於乾燥、抑制雜草生長，比起當地特有的黃土色土壤或是由花崗岩風化形成的砂狀土，看起來也更有質感。

六月雪

橄欖樹　玉簪花

大花六道木

大花六道木（霍普利斯種）

從玄關門廊看出去的立面庭院與通道。

讓人享受南國植物之美的手法

長方形的中庭與玄關、走廊、客廳、餐廳、盥洗室、浴室相鄰。中庭鋪設著與玄關同為褐色系的手工地磚，並設置了兩處植栽區塊。其中一處種植樹形美麗的**光蠟樹**，另一處是原產於澳洲、現在已長得很高大的**紅千層**，形成具有南國風情的植栽帶。此外，必須特別注意適合暖和氣候的樹木只能在溫暖的地域成長。

這兩處植栽區塊靠近地面處，種植了**大花六道木**、**鋪地柏**、**百子蓮**、霍普利斯種的**大花六道木**（是較矮的品種）、**玉簪花**或**百里香**、**迷迭香**、**奧勒岡**、**多花素馨**等

香草類植物，可以運用在料理或插花。

像**迷迭香**、**鋪地柏**、**多花素馨**、**大花六道木**（霍普利斯種）的枝葉也會橫向伸展。由於重視地被植物的躍動感，在栽種時可以創造出溢出邊緣、伸展到四邊地磚上方的意象。在中庭的土壤表面同樣也鋪上木屑。

順帶一提，為了讓屋主衝浪回來時立刻就可以淋浴，中庭外牆設置了蓮蓬頭。也只有能夠兼顧隱私的口字形中庭，才能達成此一獨特的用途。

中庭 | 光蠟樹（前）與紅千層（後）。　　　　朝客廳延伸的中庭。

外牆的蓮蓬頭

CASE 21

融合住宅的歷史與風情

這個案例是改建京都町家，由屋主夫婦二人自住。
前院與位於後方的主庭也經過重新整修。屋內設置
了讓小朋友進行理科實驗的教室，設計庭院時也將
小朋友自行車停放與出入動線一起考慮在內。

理科町屋

所在地：京都府京都市
構造／樓層：木造二層樓建築
家庭成員：夫婦2人
完工：2017年
基地面積：160.0㎡
建築面積：89.0㎡
建築設計：Atelier Bow-Wow

南天竹

雞爪槭

蠟瓣花

馬醉木

一葉蘭

山菊

玉龍草

利用前任屋主蒐集的石頭所打造的前院景致。

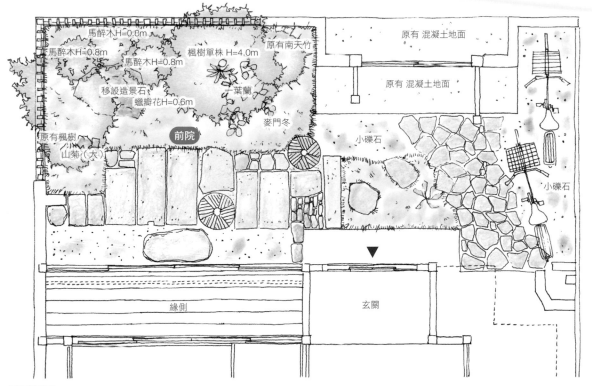

馬醉木H=0.8m
馬醉木H=0.8m
馬醉木H=0.8m
楓樹單株 H=4.0m
原有南天竹
原有 混凝土地面
原有 混凝土地面
移設造景石
蠟瓣花H=0.6m
一葉蘭
麥門冬
前院
小礫石
小礫石
原有楓樹
山菊（大）
小礫石
緣側
玄關

前院平面圖

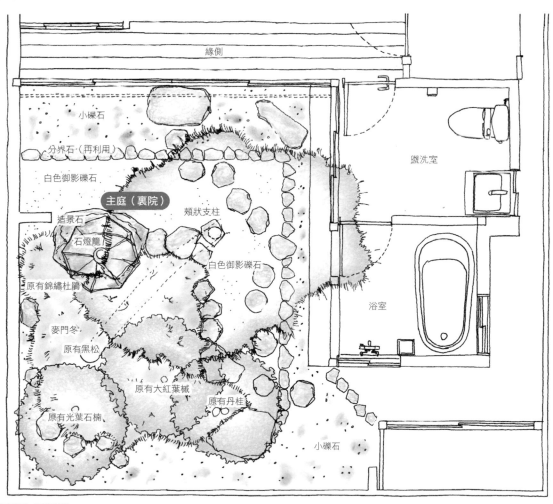

緣側
小礫石
分界石（再利用）
白色御影礫石
主庭（裏院）
造景石
石燈籠
頰狀支柱
白色御影礫石
原有錦繡杜鵑
麥門冬
原有黑松
原有大紅葉槭
原有丹桂
原有光葉石楠
小礫石
盥洗室
浴室

主庭（裏院）的平面圖

0　　　　　1m

N

■ 承襲前住戶的石材收藏，鋪設石板路

為了向屋主提案，我前往建地現場，看到建築師正忙得渾身沾滿泥巴。他利用前住戶蒐集的石材——如舊石磨的一部分、市區電車地面鋪設的石板等素材，重新研究鋪排方式鋪設石板路。庭院規劃就以建築師設計的石板路為基礎來設計。

建築師研究設計出的前院石板路。

靈活運用石材的建築師。

■ 利用庭院既有素材，重新構築景色

前院以前是以牆壁圍繞的封閉庭院，現在因為建築概念上希望兼顧公共性，所以與道路交界處設置了木格柵。為了從庭院外可以看到內側，特別花心思讓視線不受植栽遮蔽，因此在縱向的木格柵旁種植的是下方樹枝較少的**楓樹**。

另外石板路經過建築師研究後的安排，維持了原來的高度；石板路的縫隙間還種植**砂蘚**，儘量讓新鋪設的路徑融入庭院。

不只是石板路，壯碩的**大紅葉槭**與**日本扁柏**也傳承了庭院的歷史。**大紅葉槭**經過整株修剪，維持樹形。生命力較弱的**日本扁柏**已經砍除，樹幹也暫且保存起來，日後將作為木材再利用；而**日本扁柏**留下的空間，則新植了**雞爪槭**。原本位於腳踏車停放處的大型造景石也移到前院，重新再利用。在庭院各處種植**馬醉木**、**棣棠花**、**蠟瓣花**、**一葉蘭**、**玉簪花**等植栽，並以**玉龍草**作為地被植物來覆蓋地面，打造出綠意盎然的山野景色。

前庭｜剛鋪設完成的石板路。

■控制植物的生長，復甦庭院景觀

先前的主庭。

頰杖支柱

黑松

丹桂

大紅葉槭

錦繡杜鵑

藉由碳化的杉樹原木作為頰杖支柱，支撐主庭的黑松。

位於房屋後側的主庭，也留下**黑松**、**丹桂**、**大紅葉槭**、**錦繡杜鵑**等庭院原有的樹木。從室內往外看，庭院前方生長著蓊鬱茂密、甚至有些過於高大的**錦繡杜鵑**，為了凸顯庭院的縱深，將杜鵑的枝葉疏剪修去一些。**大紅葉槭**與**丹桂**也經過修剪，成為現在清爽的樣子。長得有些傾斜的**黑松**，則以碳化的杉樹原木作為T形頰杖支柱來支撐。為了讓支柱可以儘量耐久，所以採用不埋入地裡、架在石座上的方式，以避免原木腐朽。

裏院跟前院一樣，也有前住戶留下的石材收藏。由於都是些形狀與風貌別具特色的石頭，所以決定重新再利用。像拳頭大小的石頭，就沿著 L 字形的屋簷外圍排列，形成簷邊的分界，或是作為填補空隙的小石塊（在建築物的地基下，沿著外圍作為地底的守護石）；改變原有踏腳石的位置，形成從庭院通往屋內家事空間的走道。剩餘的石塊在經過清洗後露出本來面貌，跟礫石一起鋪滿地面，達到修飾的效果。

造景小山移走後的地面，除草、整地後，種滿**玉龍草**等低矮植物。

就改建的案例來說，有時候該把原地既有的植物與石材視為歷史，珍惜地傳承下去，有時候卻應該大刀闊斧地淨空。藉著整理該留下來活用以及不需要保留的元素，將留下的元素加以美化、添加不足的部分，來復甦庭院的景觀。

主庭 ｜ 藉由礫石與玉龍草來美化地面。

雞爪槭

成為公私領域緩衝的綠意

這是一棟兼作診所與住宅的建築，因此向業主提議設置不管是公共空間與私人空間都能兼顧的庭院；包括一樓的診所與二樓的住宅，共設有兩處庭院。一樓庭院的設計，不只要讓來求診的人享受綠意，我特地選擇能進入二樓住宅區視野的樹種，打造出從各種角度都能享受景致的庭院。

O-clinic／O-house

所在地：神奈川縣
構造／樓層：鋼筋混凝土＋木造二層樓建築
家庭成員：夫婦2人
完工：2012年
基地面積：650.93㎡
建築面積：432.58㎡
建築設計：acaa

四照花

野茉莉

向下俯瞰診所兼住宅的公共庭院。一樓是L字形的柱列迴廊。　©UEDA Hiroshi

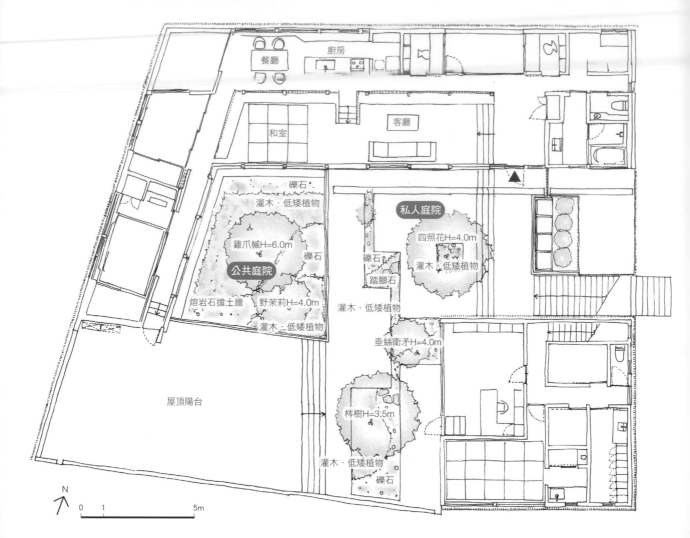

餐廳
廚房

和室
客廳

礫石
灌木・低矮植物

公共庭院

雞爪槭H=6.0m

礫石

熔岩石擋土牆
野茉莉H=4.0m
灌木・低矮植物

私人庭院

四照花H=4.0m
灌木・低矮植物

礫石
踏腳石
灌木・低矮植物

垂絲衛矛H=4.0m

梣樹H=3.5m
灌木・低矮植物
礫石

屋頂陽台

N
0　1　　　　　5m

公共庭院｜為求診者提供的停車場有屋頂，下雨天也能保持舒適。

以富有躍動感的綠意，迎接求診者

公共庭院 | 長到2樓高、枝葉開展的大株楓樹。

這棟建築有L字形的柱列迴廊，從停車場到屋裡沿途都有遮簷，求診者們即使在下雨天來到診所也能自在舒適。從這條路通往診所入口的動線旁設有中庭，這也是迎接求診者的重要空間；而由於二樓的居住空間也面向中庭，讓這裡成為公共空間與私人空間的緩衝地帶，所以此處種植的樹木必須是能到達兩層樓高的大型樹木。我選擇了上方枝葉伸展開來的**楓樹**，在一樓看到的是枝幹姿態與樹蔭，從二樓則能欣賞開枝散葉的景致。

在地面以假山營造出高低差，帶來變化感，讓景觀不至於太單調。假山的擋土牆採用**火山熔岩石**，這種石材是在晴天時能看得到富士山的區域所生產。這裡以**吉祥草**、**玉龍草**、**苔蘚**覆蓋假山表面，並搭配**狹葉十大功勞**、**珍珠繡線菊**等常綠植物，達到美化的效果。為了打造從一樓就能欣賞的景觀，除了**楓樹**以外，也加入**野茉莉**、**垂絲衛矛**等植栽。

從起居室與和室可看到私人庭院。從右下角向上伸展的是公共庭院的楓樹。

覆蓋假山表面層的玉龍草、吉祥草、苔蘚類。

雞爪槭

野茉莉

珍珠繡線菊

吉祥草

玉龍草

熔岩石擋土牆

公共庭院｜為了創造地形高低差而堆砌假山。

在木平台上方廣闊伸展的樹木枝葉

私人庭院 | 2樓的屋頂露台。

位於二樓的住宅區為了確保隱私，在設計上採用退縮的手法，將前方寬廣的木平台留設為屋頂露台。建築師在這裡安排了數個填入土壤的植栽區塊。這些區塊深度約600mm，足以培育較高大的喬木，所以種植了**四照花**、**栲樹**等樹種。從住家的窗戶也可以欣賞樹木，另外，為了讓植栽區與一樓中庭保有一致性，採用同樣的**熔岩石**堆砌，在植栽區塊的有限空間裡創造出富有表情與獨特性的印象。另外，植栽區塊的地面也種植與一樓相同的低矮植物如**吉祥草**、**狹葉十大功勞**、**珍珠繡線菊**，形成統一感。

在1樓、2樓使用的熔岩石
（圖為1樓砌石的部分）。

玉龍草

四照花

吉祥草

私人庭院 | 植栽區塊填入的土壤約有600mm深，後方是起居室與和室。

CASE 23

小葉白筆

腺齒越橘

光蠟樹

十大功勞

吉祥草

打造群樹佇立的門庭之顏

這個擁有彷彿由雜木林包圍的庭院的木造二層樓住宅裡，住著三人小家庭。面向街道的立面庭院規劃成綠意盎然的空間，中庭則設置了能聆聽水聲的水池；踏在鋪設木屑的地面，感受自己的步伐──這是一座可以透過五感體驗的庭院。

TG Residence
所在地：岐阜縣岐阜市
構造／樓層：木造二層樓建築
家庭成員：夫婦＋子
完工：2010年
基地面積：309.82㎡
建築面積：185.68㎡
建築設計：GA設計事務所

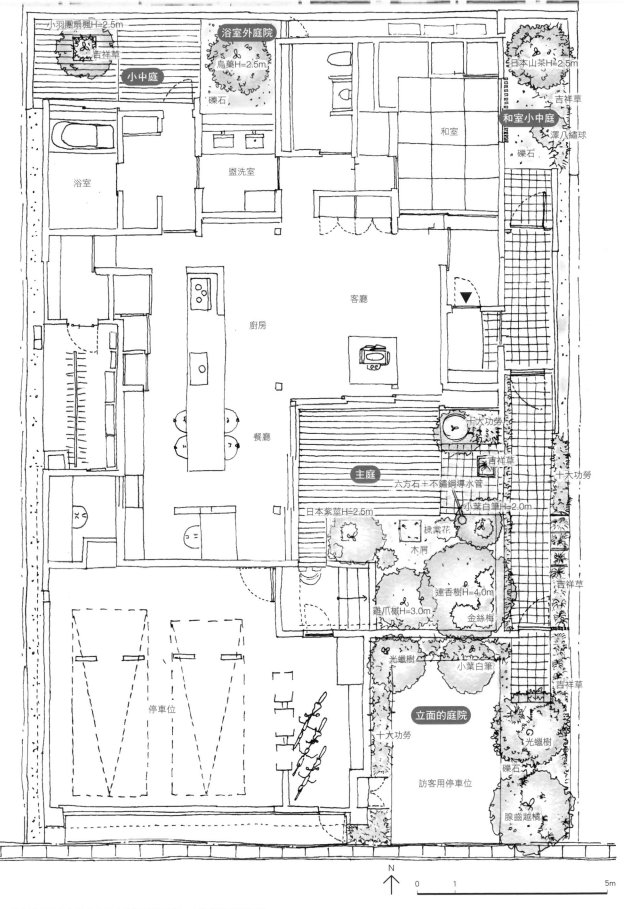

小羽團扇楓H=2.5m

吉祥草

小中庭

浴室外庭院

烏藥 H=2.5m

礫石

浴室

盥洗室

日本山茶H=2.5m

吉祥草

和室小中庭

澤八繡球

礫石

和室

廚房

客廳

餐廳

主庭

十大功勞

吉祥草

十大功勞

六方石＋不鏽鋼導水管

小葉白筆H=2.0m

日本紫莖H=2.5m

棣棠花

木屑

連香樹H=4.0m

雞爪槭H=3.0m

金絲梅

吉祥草

停車位

光蠟樹

小葉白筆

吉祥草

立面的庭院

十大功勞

光蠟樹

礫石

訪客用停車位

腺齒越橘

N

0　　　　1　　　　　　　　　　　5m

設有訪客用停車位的立面庭院滿盈著綠意，也為街道增添生氣。

為街景增添豐潤生氣的停車場綠帶

車庫旁設置的立面庭院，同時也可以作為訪客停車位。正面的圍牆約3公尺高，在圍牆前方是縱深約600mm的植栽空間。以圍牆為背景，種植了**光蠟樹**和**小葉白筆**，並選擇濃綠的**十大功勞**作為固土灌木。同時，如果只種植較高的樹種，會讓視覺焦點上移，這裡也藉由**十大功勞**來創造視野裡頭的平衡感。停車場旁種植**腺齒越橘**與較為高大的**光蠟樹**，營造出綠意環繞的空間。另外，透過木格柵也可以看到中庭的樹木，營造出彷彿佇立在樹林間的環境體感。

建築設計與停車空間配置都充滿讓人能呼吸的空間感，將室內外合而為一，除了能為居住者提供豐富的空間體驗，也美化了街道的風景。

以樹蔭為主角的雜木林庭院

喜愛樹木的屋主曾表示，想要種植多種樹木、打造雜木林般的庭院。我從中選擇了**連香樹**與**日本紫莖**，此外也搭配**小葉白筆**、**雞爪槭**、**日本紫珠**、**棣棠花**等植栽。為了重現踏在雜木林土壤上的感覺，地面鋪滿了木屑。這麼一來，跟滿地落葉的景致也很協調。現在**連香樹**已經長到可以遮蔽庭院的高度，帶來舒適的樹蔭。

主庭裡有木平台可以通往面向庭院的客廳・餐廳，一旁設有鋪磁磚的水池。從**柱狀六方石**伸出的鍛燒不鏽鋼導水管是特別訂製的。在水池內側設有木製的縱向百葉格柵，正對著通往玄關的動線。不只是待在庭院時，訪客經過這裡也能聽到水聲。水池中沉放著一方花壇，裡頭種植了**具芒碎米莎草**等水生植物。現在屋主的小孩在水池裡養了金魚，獲得許多樂趣。

連香樹長到後來可能會變得過於高大，但是依照屋主的期望，還是種植在庭院裡。不過隨著樹木成長，落葉將會持續增加，因此也必須注意是否會對鄰居造成困擾。

主庭 | 木平台旁是表面鋪磁磚的水池。

雞爪槭

小葉白筆

連香樹

日本紫莖

呈現雜木林氣氛的主庭。

■ 欣賞不同季節的花

位於走道盡頭，有座從和室可以望出去的小中庭。這裡種植著從山中挖掘而來的**澤八繡球**，那也是屋主想種植的植栽之一。繡球花到了冬天會掉葉子，景色顯得特別寂寥，因此在後方種植常綠的**侘助山茶**。如此一來，初夏時可以欣賞**澤八繡球**，早春時可以欣賞**侘助山茶**。如果在庭院盡頭種植常綠樹，很容易成為視覺焦點，襯托出庭院的縱深。雖然原本在地面密植**吉祥草**，但是很自然地苔蘚佔了優勢。在難以向周遭借景的住宅地，木板牆是效果最好的庭院背景。

從和室可以看到侘助山茶。

侘助山茶

澤八繡球

玉簪花

澤八繡球

和室小中庭｜過了幾年後，苔蘚很自然地成為地被植物。

▬ 從小片窗口感受綠意

浴室外庭院 | 這裡種植的吉祥草看起來不會像被埋在木平台下。

盥洗室外庭 | 從窗口可以看到常綠樹烏藥。

　浴室外庭院鋪設了木平台，在平台中央則有挖空的植栽空間。出於建築設計的考量，這裡填入的土質比較接近木屑。作為地被植物的**吉祥草**看起來正好探出平台，高度恰到好處。這片以**小羽團扇楓**為主角的中庭，是讓人感受到季節變化的庭院。

　在盥洗室的鏡子下方開設了長方形窗口，窗外種植的常綠樹是**烏藥**，高度正好符合從窗戶望出去的視角。這種樹的根可以作為中藥材，既象徵著屋主從醫的身分，也蘊含著全家健康的心願，因此建議種植。

CASE 24

在街邊打造如原野般的庭院

這棟六角形住宅位於1970年代開發的住宅區。由
於建築師希望能重現此地區在開發前原有的森林景
象，因此選擇在當地生長的樹種。雖然現在看起來
是有大片草坪的庭院，但是預計在五年、十年後，
隨著樹木生長，將會形成被林木圍繞的家園意象。

志賀的光路

所在地：愛知縣
構造／樓層：木造二層樓建築
家庭成員：夫婦＋子3人
完工：2014年
基地面積：225.48㎡
建築面積：68.71㎡
建築設計：佐佐木勝敏建築設計事務所

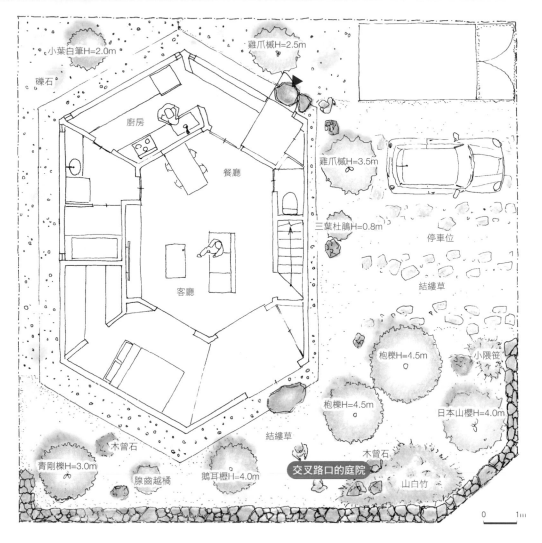

- 小葉白筆H=2.0m
- 礫石
- 雞爪槭H=2.5m
- 廚房
- 餐廳
- 雞爪槭H=3.5m
- 三葉杜鵑H=0.8m
- 停車位
- 客廳
- 結縷草
- 炮櫟H=4.5m
- 小隈笹
- 炮櫟H=4.5m
- 日本山櫻H=4.0m
- 木曾石
- 木曾石
- 結縷草
- 青剛櫟H=3.0m
- 腺齒越橘
- 鵝耳櫪H=4.0m
- 交叉路口的庭院
- 山白竹

0 　 1m

N

在天花板與牆壁交界處採用間隙狀的照明。

彷彿大樹般的木製百葉片。透過上方的採光，映照出彷彿穿透葉隙的光亮。

在交叉路口建造的六角形住宅。將建築安排在後側，外圍是開放式庭院。

從庭院延伸的草坪停車位

自然石堆砌

平石亂砌

板狀石層砌

石砌牆的種類。

屋主表示希望能在庭院裡烤肉，而且最好還有三個車位空間。首先因為路面與住宅存在著高低差，因此藉著在道路旁砌石、堆土，讓住宅與庭院維持在同一高度平面。為了呼應附近森林的林相，特地選擇了生長在這一帶的樹種，包括**枹櫟**、**雞爪槭**、**青剛櫟**、**鵝耳櫪**、**日本山櫻花**、**三葉杜鵑**、**腺齒越橘**。

停車位也覆蓋從庭院延伸而來的**草坪**，在車輪容易輾過的部分並未採用一般常用的混凝土，而是鋪上天然石塊，讓停車空間也融入森林的景色，儘量不破壞住宅被森林圍繞的意象。跟道路稍微保持距離的住宅量體形成對比，沒有設置柵欄或圍牆的開放式庭院成為街景的一部分，這樣的設計規畫不僅贏得好評，也榮獲愛知街景建築獎。

庭院的樹木各有不同角色。

把開口較少的特點轉化為優點

看起來就彷彿石塊在梯田裡露出，讓人聯想起記憶中的故鄉風景。

開口較少的住宅容易帶給人封閉的印象，但不必為了保障住戶隱私另外設置圍牆則是一大優點；外觀也更容易融入街景。因此，對於開口較少的建築物，除了盡可能顧及從室內往外看的景觀，在設計庭院時，也要注重與住宅的關聯，考量與街道相連的價值，也能自成一種庭院型態。

雖然當地就是**御影石**的開採地，但是為了加強森林的印象，這裡使用了岐阜縣東濃地方的**木曾石**。由於想特別在造景石與石砌牆上下工夫，因此運用自然石堆砌的方法來打造擋土牆。雖然堆砌時必須將重力分散，不過為了打造出讓當地居民感受到昔日風貌的庭院，特意模仿在山林與梯田間零星露出石塊的風景，在院子裡安排造景石。

另外，由於從建築物通往庭院的出入口仍有高低差存在，因此搭配有厚度的天然石，讓庭院與住宅的動線可以相連。不只是在通往出入口的路徑鋪設踏腳石，同樣的石材也用來作為造景石分佈在庭院各處，營造出一致性。

嵌入天然石材的停車位。

Column 01 | 位於商店街的小森林

由大片鐵平石鋪設的踏腳石。©Ludovica Anzaldi

本案例位於岐阜市柳瀨商店街，是將大樓空地重新再利用。這棟大樓除了涵蓋社會福利機構、租貸居住空間、複合商場，建地內還包括這片開放空間。當餐廳進駐時，建築師委託我打造柳瀨商店街的森林空間。儘管建地附近由大樓與高挑的拱廊街圍繞，這裡也種植了氣勢毫不遜於周遭建築物的高大樹木。

Yanagase forest project

所在地：岐阜縣岐阜市
竣工：2015年
空地面積：45.21㎡
建築設計：Design Water

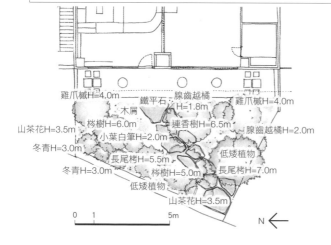

雞爪槭H=4.0m
鐵平石
腺齒越橘 H=1.8m
雞爪槭H=4.0m
木屑
山茶花H=3.5m
栲樹H=6.0m
連香樹H=6.5m
腺齒越橘H=2.0m
小葉白筆H=2.0m
冬青H=3.0m
長尾栲H=5.5m
低矮植物
冬青H=3.0m
栲樹H=5.0m
長尾栲H=7.0m
低矮植物
山茶花H=3.5m

0 1   5m
N

完工時的柳瀨商店街森林景象。

如森林般的建築群

在這個空地再利用的庭園計劃中，邀請了大樓的所有者共同參與，打造與建築空間合而為一的都市森林；作為主要象徵的是氣勢毫不遜於雜沓街景的高大**長尾栲**。在象徵的主樹選擇上，我們參考位於商店街2公里以內的金華山植披，當地的**長尾栲**、**山茶花**、**楓樹**、**連香樹**等樹木都曾列入考量，最後以金華山名稱由來的「金之華」（殼斗科樹木的代表），也就是**長尾栲**入選。業主曾反映對面柏青哥店的霓虹燈過於醒目，植栽區塊竣工後，隨著樹木日漸成長，這裡已成為賞心悅目的綠帶。

過去有「柳瀬銀座」之稱的商店街，曾經繁榮一時，現在則由於閒置的空間增加，也在思索轉型的可能，這次的嘗試正是尋求改變的出路之一。譬如即使是由大樓與拱廊街包夾的區塊，如果能把四周的建築物當成森林，穿過大樓間隙的光線就能讓人想像這裡是有陽光映照的樹林。或許要歸功於這裡的日照適中，到了第三年，目前樹木生長狀況良好。不論是人或植物，只要是不多花心思也能感覺舒適的狀態，或許就是最適生長環境吧。

位於商店街的委託案區。

（上）在拱廊街出現的小森林。©LudovicaAnzaldi
（下圖左）植栽帶緊鄰商店街，藉由常綠樹維持森林情境。©Ludovica Anzaldi
（下圖右）從店內望出去的街道森林。

自在宜人的動線

前述的植栽區塊，雖然是為了闢出通往商場的動線而設，卻不只侷限於店家專用，而是在設計上同時規劃成行人休憩的場所——在林蔭下設置桌椅，確保休憩的空間。為了營造出在森林間散步的感覺，種植了生長在林間的**棣棠花**、**胡枝子**，搭配樹下花草、鋪上木屑，就有踩在柔軟土壤的感覺。由於商店街的路人多半是非特定對象，也包括吸菸者在內，因此特別採用不易燃的木屑。為了方便行走，動線也另外鋪設大片鐵平石作為踏腳石。

木屑踩踏起來的觸感良好，但對於到商店街購物的客人來說，如果木屑卡在鞋底，反而變得不好走，萬一遇到下雨天也常有擔心鞋子弄髒的人會刻意繞路；考慮到不特定行路人的需求，鋪設踏腳石相當必要。

——Column 02 ｜ 為復健而設的綠色步道

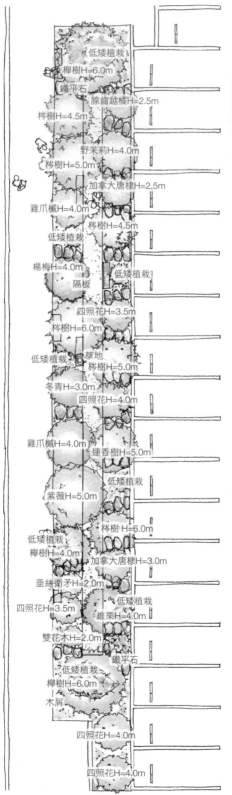

低矮植栽
櫸樹H=6.0m
鐵平石
腺齒越橘H=2.5m
梣樹H=4.5m
野茉莉H=4.0m
梣樹H=5.0m
加拿大唐棣H=2.5m
雞爪槭H=4.0m
梣樹H=4.5m
低矮植栽
楊梅H=4.0m
低矮植栽
隔板
四照花H=3.5m
梣樹H=6.0m
低矮植栽　草地
梣樹H=5.0m
冬青H=3.0m
四照花H=4.0m
雞爪槭H=4.0m
連香樹H=5.0m
低矮植栽
紫薇H=5.0m
梣樹H=6.0m
低矮植栽
櫸樹H=4.0m
加拿大唐棣H=3.0m
垂絲衛矛H=2.0m
低矮植栽
四照花H=3.5m
錐栗H=4.0m
雙花木H=2.0m
鐵平石
低矮植栽
櫸樹H=6.0m
木屑
四照花H=4.0m
四照花H=4.0m

冬青
梣樹
櫸樹
楊梅
梣樹

綠色隧道般的步道

這個案例位於岐阜市的近石醫院。適逢門診大樓與住院大樓間的停車位改建，規劃出連接兩座大樓的庭院道路。由於住院大樓也有腦中風等患者的復健設施，所以把聯絡通道的庭院，設計成兼具復健功能的步行空間。另外，因為綠地同時面向停車場，所以也一併思考從停車場通往庭院的動線。

近石醫院

所在地：岐阜縣岐阜市
構造／樓層：鋼筋混凝土＋鋼骨結構六層樓
竣工：2015年
基地面積：3888.4㎡
建築面積：1529.5㎡
庭院面積：194.83㎡
建築設計：大建met

N ←

0　1　　　　5m

醫院的聯絡通道

在綠色隧道展開步行訓練

作為復健患者展開步行訓練的空間，醫院大樓間的聯絡通道中有一部分設有屋頂，也有部分沒有。這是為了讓大家在天氣好的時候不必走在屋頂下，可以從植栽之間穿過，因此設立了與通道平行的草坪走道，兩旁種植喬木，形成舒適的綠色隧道。

種植在道路兩端的**櫸樹**，成為主要的視覺焦點。這條綠色隧道還有**梣樹**、**楓樹**、**楊梅**、**長尾栲**、**連香樹**、**紫薇**、**野茉莉**、**冬青**、**加拿大唐棣**、**雙花木**等樹木。

將常綠樹、落葉樹混植，就能讓患者在復健的同時，感受到四季變化。

綠色隧道的提案模擬圖1。

綠色隧道的提案模擬圖2。

停車場的庭院

確保橫接綠色隧道的動線

為了要能橫接綠色隧道，從停車位或是連絡通道走向**草坪**的路徑上，在地面都鋪設**鐵平石**藉以互通。整條通道共設置有六處供人休憩的長椅。

從停車場望過去，原本50公尺長的帶狀步行空間，藉由植栽形成了節奏感，也美化了沿途的景觀，因此榮獲2017年的岐阜市景觀賞。通常停車場最優先考量的是能停放的車輛數，即使地方法規明訂必須加以綠化，多半也只是稍作表面功夫；但如果能在植栽綠化上多耗費一些心力，就能帶來更大的附加價值。

從連絡通道所望見的綠色隧道。

第 2 章

不失敗造園術

第二章中，介紹實際建造庭院所需的技術、材料與工程。在「解讀建地與建築」一節，針對開始造景時必須思考的條件加以說明，包括建地所具有的條件與屋主的期望。在「選擇樹種」一節分析的是如何選擇適合特定空間的樹木與樹形，「創造持續變化的景致」則說明有效打造庭院空間之美的要素；「如何選取素材」介紹能襯托主要中高樹木的低矮植物。最後在「從案例解讀樹木的角色」則以一座庭院的景觀工程為例，依序收錄從計劃到完成的步驟。

1 解讀建地與建築

■ 要設計的不只是庭院

庭院設計的計劃，可以從解讀基地既有各種條件的關係性著手。因為在思考庭院對於建築、街道可以達成什麼貢獻、特別應該作什麼時，其中必然潛藏著計劃的靈感與創意。

包括屋主的期望、建築與室內設計的風格、立地條

件、氣候條件、當地的風土與歷史等，有著各種各樣的線索。如果擴展視野再規劃，庭院將不只能帶來美麗的景觀而已，還能充分展現出建地的土地與各種條件所具有的可能性。

■ 實地勘察的重點

首先要認識這塊建地。為了掌握建地的自然條件、氣候、方位、高低差、周遭環境、周邊景色、視野等特性，資訊的收集不可或缺。

藉由認識立地條件與方位，也可以得知陽光照射的方向與陰影遮蔽的位置，就能掌握該在哪裡種下植栽。另外若瞭解氣候，就知道該如何選擇樹種。如果周遭有綠意盎然的公園，就可以讓公園的綠意與庭院的景色相連，在視野良好的地方活用這項特色，就能達成設定好的效果。相反地，如果不希望干擾鄰家的隱私，需要適

度地隔離時，也可以考慮藉由植栽遮蔽。

另外，從建地或建築等位置實際感受庭院的規模尺度也很重要。只要有庭院規模的概念，就能安排出具協調感的景致；而這一點光透過圖面來看有可能會判斷錯誤，所以到現場實際感受就變得非常關鍵。

庭院的景色有時候可以中和建築的存在感，甚至讓住宅與街景合而為一。所以仔細地觀察周遭環境，以該棟建築為背景來從各角度觀察也很重要。

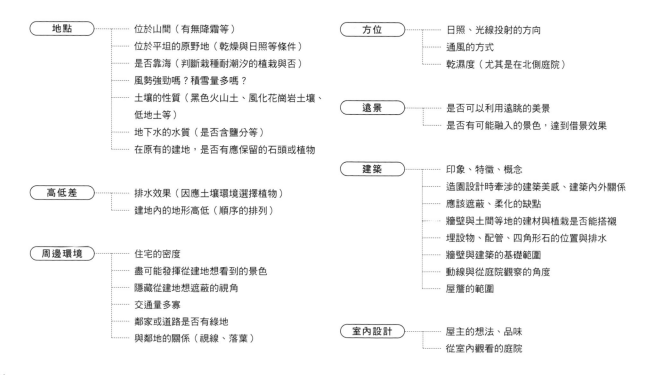

（地點）
- 位於山間（有無降霜等）
- 位於平坦的原野地（乾燥與日照等條件）
- 是否靠海（判斷栽種耐潮汐的植栽與否）
- 風勢強勁嗎？積雪量多嗎？
- 土壤的性質（黑色火山土、風化花崗岩土壤、低地土等）
- 地下水的水質（是否含鹽分等）
- 在原有的建地，是否有應保留的石頭或植物

（高低差）
- 排水效果（因應土壤環境選擇植物）
- 建地內的地形高低（順序的排列）

（周邊環境）
- 住宅的密度
- 盡可能發揮從建地想看到的景色
- 隱藏從建地想遮蔽的視角
- 交通量多寡
- 鄰家或道路是否有綠地
- 與鄰地的關係（視線、落葉）

（方位）
- 日照、光線投射的方向
- 通風的方式
- 乾濕度（尤其是在北側庭院）

（遠景）
- 是否可以利用遠眺的美景
- 是否有可能融入的景色，達到借景效果

（建築）
- 印象、特徵、概念
- 造園設計時牽涉的建築美感、建築內外關係
- 應該遮蔽、柔化的缺點
- 牆壁與土間等地的建材與植栽是否能搭襯
- 埋設物、配管、四角形石的位置與排水
- 牆壁與建築的基礎範圍
- 動線與從庭院觀察的角度
- 屋簷的範圍

（室內設計）
- 屋主的想法、品味
- 從室內觀看的庭院

▬ 與庭院的主人對話

與屋主的對話是設計前的重要環節，因為實際上居住、動手維護的是屋主。屋主們對於庭院的期待相當多樣化，包括讓小朋友在草地上玩耍、裝設鞦韆等遊具、建造烤披薩的窯爐、種植會結果的植物期待收成、希望庭院裡有塊家庭菜園、希望以庭院開的花插花招待訪客，想在自家院子裡露營、想要有沙坑、最好有棵大樹……等等。除此之外，還有特別想種某種樹、想留下某棵樹，這類帶有特殊情感的要求，或是想打造茶庭、或是希望庭院能有休閒渡假風，以及為了保留隱私，需要遮蔽物等等這類因應周遭環境而生的需求。

不過也必須提醒屋主，維護庭院需要成本與費工夫照顧。如果討厭雜草、厭惡昆蟲、不喜歡掃落葉，也無法每天澆水，最好慎重考慮，因為維持庭院就等於是在照顧活生生的、每天變化的空間。

雖然常聽人說：「就交給你安排了。」但如果造園設計師對於屋主如何使用庭院毫無概念，很快地庭院就會變得難以整理維護。

打造庭院的所需預算最好儘早告知。屋主想在戶外空間添加什麼，這些構想都應該在建築計畫討論時涵蓋，將概略的造景計畫一併列入商談。

話雖如此，造園工程總是容易受到整體預算影響。進入實際的造園施工階段，就必須嚴格控管預算；優先規畫屋主生活中最重要的空間，以及建築最具特色之處。對於樹木的高度與樹冠大小可以疏張有致地安排，即便只進行規模最小的工程，也要塑造出有效果的景色——這正是造園設計需要的創意力。

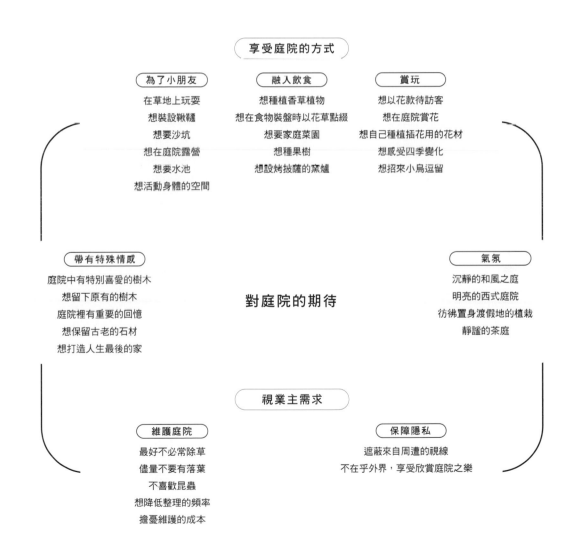

享受庭院的方式

為了小朋友
在草地上玩耍
想裝設鞦韆
想要沙坑
想在庭院露營
想要水池
想活動身體的空間

融入飲食
想種植香草植物
想在食物裝盤時以花草點綴
想要家庭菜園
想種果樹
想設烤披薩的窯爐

賞玩
想以花款待訪客
想在庭院賞花
想自己種植插花用的花材
想感受四季變化
想招來小鳥逗留

對庭院的期待

帶有特殊情感
庭院中有特別喜愛的樹木
想留下原有的樹木
庭院裡有重要的回憶
想保留古老的石材
想打造人生最後的家

氣氛
沉靜的和風之庭
明亮的西式庭院
彷彿置身渡假地的植栽
靜謐的茶庭

視業主需求

維護庭院
最好不必常除草
儘量不要有落葉
不喜歡昆蟲
想降低整理的頻率
擔憂維護的成本

保障隱私
遮蔽來自周遭的視線
不在乎外界，享受欣賞庭院之樂

業主對庭院各種各樣的期望。

2 選擇樹種

▬ 詳加思考適合這座庭院的樹木

設計庭院時最令人苦惱的是如何選擇適合建築的樹種。包括建築本身給人的印象、室內設計與屋主喜好的風格、地域性、建地位置、氣候、土壤、是否容易維持、樹木本身帶來的氣氛、是否可以作為木材等，必須從各種角度考量。

即使樹形外觀與營造出來的氣氛很適合某戶住宅，仍有可能因為與當地氣候風土不合，無法順利栽培，所以必須慎重地選擇；而有些業主期望種植的外來種植物，並不適合日本的氣候風土，有時不照單全收才能打造出美麗的景觀。在無法順應業主的期待時，應提出更好的選擇，因此準備各種各樣的備案也很重要。透過與植樹業者對話或各種途徑來獲取相關知識，能掌握更多選擇，也有助於構思多樣化的設計。

在限定的環境內思考可以造出的園景，並建議種植適合的樹木，可說是庭園設計最重要的一環。

這座庭院種植了屋主偏好的紅千層、華盛頓棕櫚、叢櫚等植栽，營造異國氣氛。這些植物通常比較適合溫暖的氣候，不過此處選擇了也能在這個地域生長的耐寒種類。

為了與馬路對面的森林景色相連，庭院裡種植了高大的楓樹。

在挑高二樓的空間旁，配合大片的落地窗，選擇了同樣高大的連香樹，即使隨季節只剩下枝幹也不失美感。

■ 賦予樹木角色

種植在庭院的每株植物都扮演著各自的角色。在設計庭院時，從主角到配角，都需要立體地掌握樹木的配置，讓枝葉遮住想隱藏的部分、讓樹幹與綠蔭成為散步道或迴遊動線的重心等，賦予它們各種各樣的角色。造園計畫的平面圖中，樹木的標記只是一個簡單的○，但是在規劃時，仔細思考這個○對於空間構成或人而言能不能產生意義，是非常重要的事。

青剛櫟
劃分出與鄰家分界的植栽

鵝耳櫪

腺齒越橘

草坪
將能夠烤肉等這些想在廣場使用的空間空出來的同時，也打造空間平衡感

枹櫟
從窗口就能看見的植栽

山白竹
為了凸顯出庭院縱深而安排在前方的低矮植栽

雞爪械
在入口迎賓的植栽

日本山櫻花
作為庭院象徵性的主樹，也是交叉路口的目光焦點

小隈笹
為了凸顯出庭院縱深而安排在前方的低矮植栽

以案例24「志賀的光路」為例，說明庭院中的樹木所扮演的不同角色。

■ 分辨樹木角色的方法

賦予樹木角色似乎並不困難，當產生「該從哪裡開始栽種好呢？」的念頭時，就可以開始著手評估。比如，「如果這裡有綠意，應該會讓人心情很好」；「若能從窗口看到枝葉伸展的樣態，應該會是很美的景象」；或者「跟鄰家距離太近了，想要遮蔽視線增加隱私性」等。就以這些想法作為起點，來安排每一棵樹木。

如果在窗口或門口前，賦予樹木「用來觀賞」的角色也不錯。如種植從二樓望出去，樹冠枝葉特別漂亮的樹木；或如果家中有大片窗口，就可以種植能看到整體樹形的樹等等，手法也很多樣化。

如果是在狹窄路徑上的植栽，就可以利用植栽「帶來前後空間層次」的功能，緩和狹隘的感覺；光是將樹木安排在前方或後方，就能產生遠近感。如果讓植栽的枝葉遮覆在路徑上方，就能營造出彷彿在林間散步的體驗。

植栽也可以「遮蔽」與鄰地相接的界線。利用灌木形成的圍籬，就能賦予植栽隔絕視線的作用。

當然，在賦予角色前，也必須考量樹木是否適合在這個場合生長。為了襯托空間，規劃雖然重要，但是樹木的功能是否必要，最後仍要由居住者決定。賦予角色其實是讓樹木與屋主「建立關係」的第一步，如果順利建立關係的話，庭院也會得到更好的照顧與維護。

與鄰地的分界

在通道入口迎賓
美化庭院外觀引人入勝

成為停車空間
的視覺焦點

美化庭院外觀引人入勝
在通道入口迎賓

讓景色更協調
創造從二樓望出去的風景

美化庭院外觀引人入勝

賦予走道空間縱深

主庭的主樹
遮蔽路人的視線
賦予走道縱深
創造從二樓望出去的風景

賦予走道空間縱深

美化庭院外觀引人入勝
遮蔽路人的視線

N

0　　1　　　　　　5m

打造從室內望出去的景色

某戶住宅的植栽實例

美化庭院外觀引人入勝

美化庭院外觀引人入勝

▬ 想像樹木生長的環境

即使樹木的種類相同，也不會有外觀一模一樣的樹；因此應該要仔細觀察每一種樹形，想像這棵樹適合什麼樣的情景，來作出選擇。

想像樹木生長的環境是最簡單的方法之一。樹木生長的環境與樹形的關係相當單純——也就是枝葉總是朝陽光生長。

譬如，以楓樹為例觀察，種植在寬闊空間的楓樹因為幾乎不會遇到障礙，會生長成向四面八方伸展的樹形；而若是周遭樹木繁盛的楓樹，為了獲得日照，會一邊避開鄰近樹木的枝葉，一邊努力朝上生長，因而形成上方枝繁葉茂的樹形。同樣地，如果樹旁單側有高大的樹木，就會形成向另一端生長的樹形。只要能了解日照與樹形生成的關係，接下來就可以思考如何加以運用：首先最好試著準備跟原先類似的生長環境。以前述的楓樹為例，若希望是自由生長的樹形，周遭就應該保持空曠，什麼都不要種。若樹形向上發展，就能讓出下方空間使人通行、或是作為停車位靈活運用。另外，如果是向單側生長的楓樹，則適合種在牆壁旁或附近，充分利用樹本身不對稱的形狀。

樹木本身不會動，因此想像樹形如何生成，予以尊重，就能打造出適合樹木與人的環境。

舉例來說，即使是相同品種的楓樹，如附圖所示，也有各種各樣的樹形。選擇適合庭院環境的樹形與規模，是景觀設計不可或缺的一環。

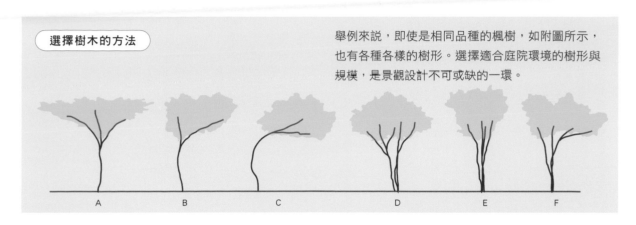

① 牆附近的樹形
如果要在建築或牆壁旁邊種樹時，適合選擇B或E的樹形。B是朝單側生長的樹形，可以選有明顯脊梁的樹形。而隨著牆壁高度不同，也可以選擇A或E的樹形，有效地點綴庭院內外空間，豐富景色。

 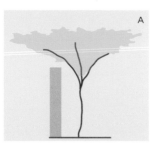

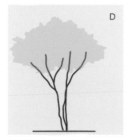 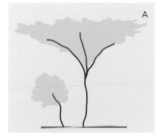 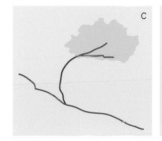

② 廣場空間的樹形
像是在廣場上，從周遭360度都可以看見的位置，最適合像D這樣的樹種。

③ 混植的樹形
也可以在樹下搭配其他樹木。

④ 坡地的樹形
像C這樣枝幹彎曲、形狀特殊的樹形可以運用在坡地，也能跟其他的樹木搭配。

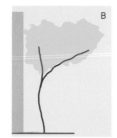 

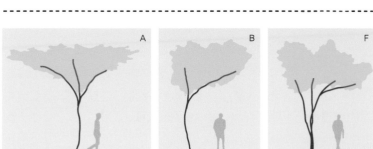

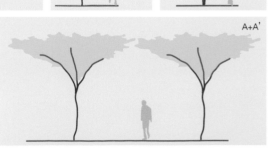

⑤ 帶來遮覆感的樹形
種植在通道旁，讓人走在樹下。可以像A、B、F只種植一株，或是像A＋A'這樣種植兩株，效果也很好。

⑥ 狹長的樹形
適合較窄的場所。

這些樹形可以搭配出各種各樣的組合，必須配合種植空間的條件與用途，選擇樹木。

■作為庭院主角的樹木

接下來以某戶住宅為例，試著思考該如何選擇樹木。這是棟木造的平屋住宅，面向寬敞的庭院，大片開口搭配木製的門框。庭院的主角是高大的光蠟樹——在住宅大片的開口前，落在草地中央、樹冠寬幅約6公尺的大型光蠟樹相當醒目。為了讓屋主從平屋開口的低矮視角也能欣賞4公尺高的光蠟樹，特地尋找單株分枝的樹。這棵樹的樹形相當罕見，是偶然發現的。找到適合這座庭院的樹木時，我深深地覺得人與樹木的緣分可説是一期一會。

樹冠約6公尺寬，高4公尺的光蠟樹。

■點綴立面

另外，這戶住宅的立面朝向路面，於是在停車位與住宅間利用混凝土砌出外圍的植栽帶。這塊植栽地是比停車位高出大約800mm，以混凝土磚形成磚牆的設計；為了要讓住戶習慣這個設計帶來的景致，特地種植了樹木，從三處不同位置的窗口都能欣賞。另外，為了讓混凝土磚的印象更柔和，從磚牆上垂掛下常春藤的藤蔓，同時也種植灌木與地被植物。

就像這樣，隨著地點與位置不同，植栽擔任的角色與適合的所需樣態也各異其趣。

以喬木點綴建築，利用灌木及藤蔓讓混凝土磚看起來不至於太冷硬。

▬ 從「遮蔽」到「享受」的價值轉換

同樣是遮蔽，也有各種各樣的方法。想要遮蔽的視野，究竟是位於從家中往外看的視角，還是從街道往內看的角度，對策也會隨之改變；同時，也必須考量庭院的氣氛來取捨。

首先可以考慮的是樹籬。樹籬就像牆壁一樣可以阻隔人的視線，可以由單一種類的植栽構成，也可以由多種樹木形成多樣面貌，也能搭配不同高度的植栽帶來視覺上的層次，如果挑選多種類的葉片顏色與形狀，就能更讓人賞心悅日。

有時也會單憑一棵樹來作為遮蔽。譬如想從室內隱藏鄰地的景觀，可以在窗口前搭配醒目的樹。也可以在高大的樹木下種植灌木，形成兩段式的構造；而且不只是植栽高度，分佈的密度也可以疏密有致。

藉由組合這些手法所產生的各種各樣表現，就能將「遮蔽」這樣原本偏向負面的想法，轉換成為「享受」的價值。

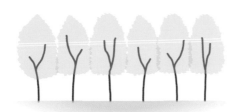

種植整排的單一種類樹木

混植好幾種樹木

藉由單棵樹木遮蔽視線

成排種植單一種類的中高型樹木，以及一種灌木

混植多種中高木、以及多種灌木

達到遮蔽效果的植栽安排實例

3 創造持續變化的景致

■ 帶入局部自然的舒心感

在日常生活中融入森林或山野的景色，是庭院最主要的功能。有時能在庭院的其中一面完整重現風景，但如果必須在有限的空間實現減法的造景，通常會另外打造包括正方形、長方形、圓形、直線、曲線等區塊，以截切下的局部風景創造森林的氛圍。有時也會利用鋼板或不鏽鋼材質來襯托、凸顯景色，效果也很好。長方形的空間可以搭配長方形，梯形空間搭配梯形，正方形的空間搭配正方形等，藉此獲得空間的餘裕，就不會顯得太逼仄或突兀。

以長方體造景所組合搭配的庭園實景。

配合車道的迴轉道與建築物的曲線所規劃搭配的造景區塊。

■ 陽光篩落葉隙的美感

為了體驗庭院空間之美，不可或缺的條件之一就是葉隙間流洩的陽光。映照在地面與牆上的葉隙日影讓人百看不厭、總是那麼吸引目光的原因，是因為投射成樹影之後，讓人特別意識到其中蘊含的樹形美感，也會呈現出樹在環境中的動態。

　　隨著時間推移，樹影的大小與位置會改變；因應風與光的強弱，也會創造出瞬息變化的景致。而依據季節，日照的時間與位置也會變化，甚至連眼睛本來看不到的風的流動，透過樹隙間的光影也變得具體可見。

　　如果將葉隙間篩落的光影妥善運用在庭園設計，就能讓空間的表情更豐富，帶來想像。在庭院裡光是看見樹木美麗的輪廓，或許就已經足夠美麗；不過若加上太陽照射，樹形輪廓的影子投映在牆壁或地面，空間感覺會更立體。

　　若想讓這種立體感表現更具效果，秘訣就是消除景色的「噪音」——也就是消除不必要的陰暗處。舉例來說，僅以白牆與白色地面來構成庭院，能排除多餘的景色，打造出最能享受葉隙光影的空間。如果建築與庭院持續極簡化（簡單化），就能讓平常很少注意到的樹木落影變得更鮮明。

以白牆除去視覺上的多餘「噪音」，讓葉隙間的光影盡可能展現在眼前。

穿過外牆及橫木、呈一直線灑落的陽光，以及多種樹木的影子。

透過大株連香樹投映的葉影，讓空間產生立體感。

4 如何選取素材

▬ 灌木、低矮植物

如果已經決定高大樹木的位置，就可以選擇在周遭添加點綴性的灌木或低矮植物；就跟樹木一樣，除了考量植物原本生長的環境，還要跟建築的概念、屋主的喜好相符。跟選擇主樹最大的不同考量是，灌木與低矮植物可以藉由不同組合來創造出多樣變化。譬如簡單地密集種植單一植物，或是讓多種植物混植在一起，或是在統一的花色中搭配二～三種植物；也可以在突顯場所特性的前提下，從無限的選擇中挑出符合場所特性的植栽。組合上可考慮到葉片的形狀與大小，包括細長葉、圓形葉、大葉片、小葉片等形成的質感，以及植栽究竟是深

綠色、明亮的綠色，或是與紅、黃、紫、銀等彩葉混色，都會形成截然不同的印象。隨著植物的型態不同，呈現的表情也會隨之變化。像是若有金絲梅這類植物，就可以欣賞帶有圓弧的立體形狀；有著許多不同顏色種類的紐西蘭麻，則能活用其直線伸展的葉片形狀來整片種植，或是與其他植物混植帶米變化，能勝任各種不同角色功能。

為了增加造景時的配植想法，涉獵這類安排技巧很重要。除了閱讀專門的造園設計書籍，仔細觀察日常的街景，其實也隱藏了許多靈感。

小蠟樹

金絲梅

狹葉十大功勞

棣棠花

紐西蘭麻

水梔子

■ 地被植物

覆蓋廣泛面積的地被植物有許多種類，可以根據庭院將如何運用、呈現什麼樣的效果來選擇。

以下為大家介紹筆者經常使用的地被植物與其特徵。

草坪

明亮的綠地廣受喜愛。因為草坪耐踏，讓小朋友可以在庭院裡奔跑是一大優勢，但也必須除草、修剪、施肥等持續維護。不適合缺乏日照、排水不良的場所。

馬蹄金草（種子栽培）

適合半日曬且濕潤的場所。小小的圓葉帶來可愛的印象。由於是藉由種子（播種）栽培，所以成本較低，但是不耐踩踏。

麥門冬

適合日照較弱的庭院，深綠色葉片細長帶有光澤，由於是常綠植物，一年四季都可以欣賞。不耐踩踏。

苔蘚

隨著日照條件不同，有各式各樣的種類。如果不適應環境就會枯萎，屬於不好養的植物。需要仔細地除草或清掃，持續維護。

百里香

由於是香草的一種，所以會散發清爽怡人的香氣。4到6月時會開整片的花，特別漂亮。本身不耐踩踏。

玉龍草

外觀就像低矮的麥門冬。同樣能適應日照不足的庭院，由於是常綠植物，在冬季也能帶來綠意。不耐踩踏，雖然堅韌但是不適合乾燥的環境。

━ 如何選擇石材

石材是庭院不可或缺的重要項目之一，具有各種各樣
的用途。

造景石

所謂的造景石，就是為了打造景觀、個別放置的石
頭。在日本庭院中將安排得很協調的造景石稱為「石
組」；藉由石頭的大小與高低，展現強弱，取得空間
的平衡感。包括在山上取得的山石，或是在河川取得
的川石、在海邊取得的海石等，來源有很多種，可以
視場合區分使用。海石與川石由於長時間受水切蝕，
邊角多半已經磨圓，山石則通常有稜有角。

位於金澤的飯店。採用來自當地的造景石。

以原有的造景石重新建構的庭院。藉由高度形成對比，打造空間平衡。

砌石

在高度有落差的地方堆砌石塊擋土，稱為石砌牆。如果是形狀不規則但帶有平面的石塊，就適合用「**自然堆砌**」；另外還有堆積表面不規則石片的「**亂砌**」、將板狀石橫切面對齊的「**層砌**」等砌法。只要依照石塊的特徵改變堆砌方式，就會大幅改變印象。

表面對齊的自然石堆砌，可以打造出直線，給人整齊的印象。亂砌可以展現石塊粗獷的樣貌，層砌則能細細地調節每塊石頭的大小，可堆疊出直線，也可以砌出弧度。

層砌的造景實例。

自然石堆砌

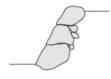 

平石亂砌

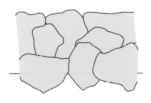 
自然石堆砌的造園設計實例1

板狀石層砌

自然石堆砌的造園設計實例2

石板地面

運用石材鋪設地面稱為石板地面。隨著使用的石材種類與鋪設方式不同，給人的印象也大異其趣，包括將形狀不規則的石板如拼圖般鑲嵌，或是將加工成正方形與長方形的石板互相搭配，或是縝密地鋪滿小石頭等。隨著石鋪面縫隙寬度不同，也會影響視覺效果，所以在鋪設時要留意間隔。譬如當間隔比較寬大時，就會展現石材的厚度，也會凸顯出石材的陰影。相反地，如果是間隔較窄小的石鋪面，看起來就會比較柔和。由於石材的色澤、質感、鋪設的方法也很多樣化，所以必須配合個案的地面條件來選擇。

長方形與正方形鋪石（保留鑿紋）

長方形與正方形鋪石（呈現裁切面）　　長方形鋪石（仿古加工）　　亂石拼貼

踏腳石

將表面平坦的石材配合步伐寬度鋪設，在庭院裡埋入、打造出人行走動線的手法。可以鋪設不規則自然石，也有方形加工的石材。方形石材通常呈直線排列，如果是不規則自然石，則可以塑造出曲折的動線，引導通行者的步伐。踏腳石高出地面的部分越多，越能展現石材的厚度，突顯存在感。

大谷石材（金剛石刀片裁切）　　鐵平石　　惠那石

■ 植物以外的地面覆蓋物

除了植物以外，地面的覆蓋物還有鋪礫石、木屑等，有時也會刻意露出土壤。在鋪礫石時，必須特別注意石粒的尺寸與色澤等，礫石如果太小，有可能會被寵物誤認為貓砂；如果太大，雖然可以表現石塊的肌理，但是相對地會變得不好走。較大的礫石中，可以細細玩味肌理的代表石材是小塊岩石。礫石的色系大致上分成灰、藍、褐等，雖然也有白色系的礫石，但是純白色的礫石很容易髒，所以要特別注意。在土壤表面鋪上礫石或木屑，會使雜草不易生長，同時也可以避免地表乾燥，有助於庭園景致的維護。

在庭院地面鋪設礫石的實例。

在庭院地面鋪設木屑的實例。

在庭院地面鋪設小塊岩石的實例。

5 從案例解讀樹木的角色

以綠意連貫的立體迴遊動線：織部商場galleria oribe

以下將透過實作案例來為大家介紹在現場造景的順序。「織部商場」的案例位於岐阜縣多治見市，為藝廊、店鋪、咖啡館等複合空間設計中庭景觀。在這個複合空間的一樓，有一個被咖啡館、店鋪、藝廊圍繞著的中庭；由於迴廊也環繞著這個中庭，所以相當具有空間凝聚力。中庭天井挑高兩層樓（部分通到三樓），因此規劃出從二樓店家也可欣賞的綠意。

一樓的景色以枝葉伸展動態的高大雞爪槭為主樹。這株雞爪槭既是中庭的主角、也是視覺焦點，適度修剪後讓枝葉透出空隙，就能展現迴廊的縱深。在雞爪槭周圍，散佈著幾株生長到二樓高，超過6公尺以上的梣樹。梣樹的下方樹枝較少，枝葉多半在上方伸展，能為二樓帶來樹景；同時由於樹幹表面的白色斑點很美，所以在一樓也可以欣賞樹幹。除了這些梣樹以外，還有一株雞爪槭也伸展至二樓；

雖然是與主樹雞爪槭同樣的樹種，但是由於生長環境不同，是截然不同的樹形。將樹木根據空間立體地安排，也選擇灌木與低矮植物依附在樹下。另外為了讓植栽的顏色與密度取得平衡，也加種小葉白筆、腺齒越橘與馬醉木，從一樓望去，這些植物伸展枝葉，將景色點綴得更為豐富。

梣樹
①種植在前方，襯托庭院的縱深
②從一樓會看到樹幹
③從二樓可以欣賞茂密的枝葉

梣樹
①種植在前方，襯托庭院的縱深
②從一樓會看到樹幹
③從二樓可以欣賞茂密的枝葉

雞爪槭
作為庭院象徵的主樹

馬醉木
讓整體取得平衡

吉祥草
種在雞爪槭下

吉祥草
種在梣樹下，襯托造景石

玉簪花
銜接景色

冬紅短柱茶
種植在前方，襯托庭院的縱深

樹木們的角色

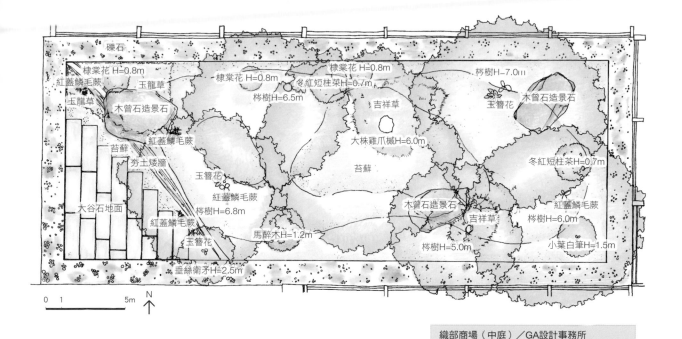

礫石
棣棠花 H=0.8m
紅蓋鱗毛蕨
玉龍草
玉龍草
木曾石造景石
苔蘚
紅蓋鱗毛蕨
夯土矮牆
玉簪花
紅蓋鱗毛蕨
大谷石地面
紅蓋鱗毛蕨
椏樹H=6.8m
玉簪花
垂絲衛矛H=2.5m
棣棠花 H=0.8m
椏樹H=6.5m
冬紅短柱菜H=0.7m
吉祥草
大株雞爪槭H=6.0m
苔蘚
木曾石造景石
吉祥草
馬醉木H=1.2m
椏樹H=5.0m
棣棠花 H=0.8m
椏樹H=7.0m
玉簪花
木曾石造景石
冬紅短柱茶H=0.7m
紅蓋鱗毛蕨
椏樹H=6.0m
小葉白筆H=1.5m

0 1   5m   N

織部商場（中庭）／GA設計事務所
岐阜縣多治見市
由陶器選品店、藝廊、咖啡館環繞的中庭

計畫概要

1樓　迴廊建築的建築計畫。由咖啡館、選品店、藝廊圍繞的空間。
　　　咖啡館與藝廊間的動線成為外部。

2樓　由於中庭的上方是天井，所以選植二樓也看得到庭院的綠樹，
　　　讓氣氛變得更好。需要種植高大的樹木。

陽台　　　楓樹　　　陽台

從2樓陽台看到的景觀，與從1樓店面看到的視野。

夯土

鋪設石板

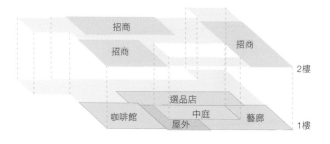

招商
招商
招商
2樓
選品店
咖啡館　中庭　藝廊
屋外
1樓

概念與提議

① 由於業主經營陶器選品店，因此以陶器的原料「土」為主題
→以「土」為主題，所以在設計上以夯土的地層來表現
② 營造出從二樓可以看得到的景象
→種植高大的樹木
③ 如果都是二層樓高的樹木，從一樓就只能看到樹幹
→種植從一樓就可以欣賞的楓樹
④ 在地被植物的部分，針對業主希望種植的苔類，建議四個種類。
→砂蘚（日照）、檜葉金髮蘚（日照～半日照）、灰蘚（半日照）、
短肋羽蘚（陰涼處），隨著日照量排列成馬賽克狀。
⑤ 在中庭內側，容易形成長方形的落雨區塊。
→在地面鋪設礫石，並以帶給人銳利印象的鐵板作區隔。
⑥ 設立從入口開始連貫、通往外部的動線。
→讓夯土隔出的三角形地帶迎接訪客，藉由鋪設石板，讓路面顯得更
寬敞。

在總體規劃時的模型照片

181

在庭院完成之前①

填土與造景石定位

造園設計施工的優先順序，基本上從最主要的項目開始。通常移植樹木（高木）也是相當關鍵的施工項目，但是如果先將樹木定位，造景石將會難以搬入，因此這次以造景石優先。

④
先從2.5公噸重的大石塊開始定位。接著放置作為庭院骨幹的三塊造景石。一邊試著擺放，同時調整位置。

①
開始動工前。包括承接落雨的區線、區隔庭院的鐵板、照明設備、給排水管等工程都已施工完畢。

⑤
決定好位置後，開始掘土。挖土的同時思考石塊要埋在土裡多深、露出多少，以及呈現的角度。可以把洞挖得稍微大一點，比較容易微調。

②
之前向供應商精心挑選的造景石。採用與基地相同區域生產的美濃石與木曾石。

⑥
確定角度之後，將準備安置的石塊正面朝上吊起。

⑦
垂吊石塊放置，決定造景石的位置。接下來再決定植栽要種植在哪裡。

③
為了將相當重的石塊搬入中庭，所以使用大型起重車搬運。

⑧
一邊調整石塊的角度與高度，一邊填土固定。朝石塊下方填土的同時，插入棍棒測試，確認石塊不會移動。

⑨
繼續填土與（臨時）整地，再將定位完成的造景石周圍地面填滿，進行最後整地。石塊與地面交接處也要修整美觀。

日本庭院的庭石石組，理論上最好排列成不等邊三角形。如果邊留意石塊整體的協調感排列，確實最後就會呈不等邊三角形。

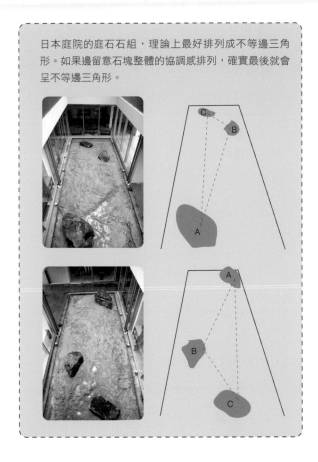

藉由調整三塊造景石的高度，為景觀帶來變化。

A 主石（基石）
為創造獨特的氣勢與姿態，主石盤踞時，頂端彷彿微妙地被推上來。主石是最令人印象深刻、富有存在感的要素。

B 副石
襯托主石的存在。放置時頂端幾乎保持水平，帶來安定感。

C 添石
本身就是有青苔附著的石塊，因此與長滿苔蘚的地面形成連貫的感覺。由於石塊表面與地面的苔蘚相連，使添石變得不起眼。

造景石的「臉」在哪裡？　　要埋到多深？

石塊的正面
石頭的臉

G.L

即使是同一塊造景石，只要呈現的面不同，或是改變露出地面的高度，就會形成截然不同的印象

G.L

在庭院完成之前②

種植樹木

跟石組相同,即便植栽都已經預先選好,還是要從高大的樹木(主樹)開始依序調整、種植。

榉樹
①種植在前方,襯托庭院的縱深
②從一樓會看到樹幹
③從二樓可以欣賞茂密的枝葉

雞爪槭
構成一樓最主要的景色
是庭院的主樹,也是視覺焦點

雞爪槭
①種植在前方,襯托庭院的縱深
②從一樓會看到樹幹
③從二樓可以欣賞茂密的枝葉

垂絲衛矛
種植在前方
襯托庭院的縱深

冬紅短柱茶
庭院的視覺焦點之一
令人注意到後方的領域

馬醉木
為庭院帶來
協調感

吉祥草
作為固根植物
種在造景石旁的植栽

固根的低矮植物
種在樹下的植栽

① 垂吊樹木準備種植
將樹木移到預定的位置。

② 解開繩索,整理樹枝
為了讓樹木比較好搬運,會用繩索束縛樹枝,讓體積變得比較小。只要將繩索解開,就可以恢復樹木原來的面貌。

③ 暫時放置
為了確認樹木生長的方向與傾斜的程度,會在預計種樹的位置先暫時放置。站在旁觀處(主要觀賞位置)指示位置,並先預估種入土壤中、少了樹根土球後將會降低的高度。

④ 挖掘樹穴

經過位置確認後，在樹根土球外圍的地面做記號，接著將樹移動到不會妨礙掘土的位置。挖掘樹穴時，洞要挖得比記號再寬一點。樹穴的深度要適中，確保樹不會種得太淺或太深。

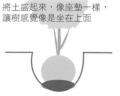

⑤ 調整土壤的狀態

調整剛才放置的樹木方向及傾斜度。決定後用添加土壤改良劑的土壤回填。

土壤改良劑有許多種類，譬如含無機肥料，能改善土壤透氣、透水性的製品，或是有提升土壤保水性、調整土壤pH值等作用的改良劑，可以根據種植樹木的樹種與特徵、移植地點的土壤狀態來選擇。

像楓樹適合礫質土，可以將現場散佈的石塊等也埋入樹穴，形成土壤的空隙，改善透氣性。而將無機肥料與腐葉土混合後，可以在土壤裡混入蛭石以提升保水性。

有些樹種適合酸性，有些適合鹼性，所以要依不同樹木拌土。

⑥ 注水與不注水

將樹種入樹穴時，邊填入土壤接著注水，然後用棍棒或鏟子敲擊土球附近的地面，消除過大的空洞。依樹種而定，有時也可以不注入水，只藉由填土固定土球（譬如松樹等）。

⑦ 種植其他樹木

主樹的位置決定後，周遭的樹木一樣從最大株開始，依序種植。前方是重現地層樣貌的夯土擋土牆。

⑧ 埋入照明與管線等設備

在土中埋設埋入式的照明器具與排水管、灑水管。

⑨ 整地

為了讓設計完成的地面看起來更有立體感，會補土使地表起伏，再勻平整地。

⑪ **修剪**

修剪種植完成的植物。剪掉過於擁擠的樹枝或不良枝，調整綠意的分量。藉由修剪，可以防止剛種植樹木的水分從樹葉蒸散，有效幫助樹木健全生長。

右圖是楓樹的修剪。修整楓樹時儘量不要用園藝剪，而是用手折。用手折枝葉不會留下剪刀的切口，效果比較柔和。

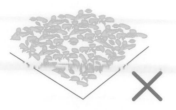

低矮植物、苔蘚的造形輪廓

⑪ **灌木與低矮植物**

處理灌木與低矮植物就跟喬木一樣，種植時應選擇植物最好看的角度來種植。

如果想讓低矮植物像天然生長的群落，請留意不要讓植被的輪廓呈現不自然的直線與直角。種植同種類的植物時，不要留下間隔，配合植物葉片伸展的方式並排種植，效果會很自然。

⑫ **鋪種苔蘚**

在最後完成時鋪上苔蘚。這次因應中庭的日照條件，共種植了四種苔蘚，包括喜歡日照的砂蘚、檜葉金髮蘚，適合半日照的灰蘚，適合陰涼處的短肋羽蘚。

⑫-1 在鋪種苔蘚前再次整地，清出場地。

⑫-2 鋪種苔蘚時，直接種在盤狀的長方形土塊上直接種入會比較快，但是為了避免出現不自然的直線接痕，可以像馬賽克拼貼般，一小塊一小塊鋪貼上。

⑫-3 為了讓苔蘚更容易附著在土壤，可以用鏝刀等工具令其服貼，讓苔蘚適應地面。這時要特別留意，不要讓附著在鏝刀上的泥土弄髒苔蘚；也可以預先將地面打溼。

⑫-4 因為種植苔蘚，所以採用噴霧狀灑水。

12-4

全書案例植物清單

No.	物件名稱	高木・中木	灌木・樹下花草	地被植物
1	在坡地創造立體的散步體驗	HX-villa	梣樹、日光冷杉、大紅葉槭、丹桂、烏樟、枹櫟、紫薇、長尾栲、具柄冬青、垂絲衛矛、腺齒越橘、羅漢竹、日本山櫻、四照花、雞爪槭	馬醉木、吉祥草、山白竹、小隈笹、蠟瓣花、三葉杜鵑	草坪、玉龍草
2	連續延伸的平房，呈現若隱若現的效果	岐阜之家	梣樹、烏樟、枝垂梅、長尾栲、具柄冬青、腺齒越橘、小葉白筆、流蘇樹、雞爪槭、侘助山茶	馬醉木、吉祥草、玉簪花、瑞香、蠟瓣花、一葉蘭、十大功勞、紅蓋鱗毛蕨、棣棠花、珍珠繡線菊	草坪、玉龍草
3	精心挑選一棵樹，塑造「空靈」的景象	N Residence	櫸樹、日本紫莖	馬醉木、大花六道木、全緣貫眾蕨、紅蓋鱗毛蕨、常春藤	
4	門廊前的小樹吸引目光，迎人通往三角屋頂下的入口	I Residence	連香樹、垂絲衛矛、小葉白筆、小羽團扇楓	百子蓮、大花六道木、玉簪花、金絲梅、大蓋球子草、紐西蘭麻、鋪地柏、水梔子、狹葉十大功勞、棣棠花	百里香
5	住宅與樹木相融合的野趣之家	T Residence	山礬、具柄冬青、腺齒越橘、雞爪槭	繡球花、倭竹、吉祥草、聖誕玫瑰、蕨類、山菊、玉竹、南天竹、十大功勞、金邊闊葉麥門冬、風知草、頂花板凳果、礬根	玉龍草、麥門冬
6	以石材與鐵美化景觀，形成高低差及動線	玄以之家	梣樹、小羽團扇楓、具柄冬青、小葉白筆、腺齒越橘、四照花、雞爪槭	倭竹、小隈笹、斑葉芒、紅蓋鱗毛蕨	草坪、砂蘚、玉龍草
7	以層層樹木延展房屋的縱深	F Residence	梣樹、光蠟樹、具柄冬青、山茶花、垂絲衛矛、烏藥、腺齒越橘、小葉白筆、雙花木、雞爪槭	大花六道木、吉祥草、玉簪花、春蘭、山菊、蠟瓣花、一葉蘭、十大功勞、水梔子、風知草、紅蓋鱗毛蕨、狹葉十大功勞、棣棠花、珍珠繡線菊	砂蘚
8	以片段景致妝點，增添生活豐彩	附中庭的平屋	梣樹、光蠟樹、黑櫟、染井吉野櫻、山茶花、垂絲衛矛、小葉白筆、雙花木、雞爪槭	青木、薹草、吉祥草、斑葉芒、南天竹、十大功勞、百兩金、頂花板凳果、三葉杜鵑、結香、棣棠花、迷迭香	砂蘚、玉龍草
9	利用成排列植的高樹，創造寬闊的蔭影	名古屋之家	梣樹、日光冷杉、橄欖樹、連香樹、光蠟樹、長尾栲、具柄冬青、三角槭、腺齒越橘、冬青、小葉白筆、流蘇樹、眼藥之樹、雞爪槭	大花六道木、黃茶樹、玉簪花、金絲梅、茶樹、紐西蘭麻、一葉蘭、葡匐雪松、加拿列常春藤、狹葉十大功勞、棣棠花、百子蓮、迷迭香	百里香
10	活用窄道空間，形成綠色隧道	石板路之家	小羽團扇楓、丹桂、具柄冬青、垂絲衛矛、腺齒越橘、小葉白筆、四照花	吉祥草、瑞香、頂花板凳果、水梔子、珍珠繡線菊	
11	密集種植低地被植物，遍地蓊鬱青翠的景象	楓之庭院	小葉紅楓、大紅葉槭、丹桂、小羽團扇楓、雞爪槭	吉祥草、玉簪花、山白竹、日本鳶尾、春蘭、睡蓮、山菊、長苞香蒲、南天竹、棣棠花、蘆葦草、複葉耳蕨	草坪、玉龍草
12	啟動空間五感體驗的庭院	春日井之家	梣樹、野茉莉、橄欖樹、連香樹、光蠟樹、具柄冬青、玉蘭、雞爪槭（原有植栽：烏心石、丹桂、茶梅、山茶花）	繡球花、百子蓮、薜荔、德國洋甘菊、玉簪花、金絲梅、蕨類、粉花繡線菊、日本鳶尾、石楠花、白芨、瑞香、山菊、常春藤、鋪地柏、一葉蘭、水梔子、薄荷、檸檬草、迷迭香	草坪、百里香
13	在廚房花園創造提高視線的留白空間	別屋之家	橄欖樹、黃櫨、叢櫚、小葉白筆、斐濟果、紅千層、石櫟、華盛頓棕櫚	龍舌蘭、玉簪花、紅背耳葉馬藍、百里香、紐西蘭麻、礬根、玲瓏冷水花、迷迭香、複葉耳蕨	

No.	物件名稱	高木·中木	灌木· 樹下花草	地被植物
14	與室內相融的鬆餅格狀室內花園	愛心榕、含羞樹、月橘	鐵線蕨、山蘇、枯梗蘭、星點木、鈕扣藤	
15	設置在 3 坪大空間裡的茶事動線	京都 GAE 町屋	（原有植栽：丹桂、珊瑚樹）		短肋羽蘚、檜葉金髮蘚、砂蘚、灰蘚、白髮蘚
16	在賞花席位上流連忘返的庭院設計	長良川的二代宅	大柄冬青、馬醉木、野茉莉、枝垂櫻、具柄冬青、垂絲衛矛、羅漢竹、日本金縷梅、四照花、雞爪槭 （原有植栽：柿子樹、羅漢松）	吉祥草、山菊、棣棠花	草坪、玉龍草
17	簡化既有的庭院，銜接內外空間	刈谷之家	原有植栽：青木、蚊母樹、銀杏、朴樹、茶樹、三菱果樹參、樟樹、黑松、櫻花樹、茶梅、珊瑚樹、南燭、厚葉石斑木、垂枝日本扁柏、竹子、杜鵑花、山茶花、吊鐘花、羅漢松、楓樹、八角金盤	原有植栽：繡球花、梔子花、南天竹、一葉蘭	
18	保留在地原生植物，延續當地景觀	筑波之家	梣樹、大柄冬青、青剛櫟、櫸樹、夏山茶、加拿大唐棣、黑櫟、具柄冬青、鵝耳櫪、日本紫莖、合歡樹、白葉釣樟、雞爪槭、楊梅	大花六道木、野扇花、蔓長春花、南天竹、棣棠花	細葉麥門冬
19	以通道及家族記憶為靈感的庭園之景	M Residence	丹桂、小羽團扇楓、枝垂梅、腺齒越橘（原有植栽：洋玉蘭）	日本鳶尾、山菊、一葉蘭、十大功勞、紅蓋鱗毛蕨、狹葉十大功勞、珍珠繡線菊	檜葉金髮蘚、砂蘚、白髮蘚、玉龍草
20	讓人感受異國情調的庭園細節	岡崎之家	橄欖樹、光蠟樹、紅千層	六月雪、百子蓮、大花六道木、奧勒岡、玉簪花、紐西蘭麻、鋪地柏、多花素馨、錦熟黃楊、迷迭香	百里香
21	融合住宅的歷史與風情	理科町屋	雞爪槭（原有植栽：大紅葉槭、丹桂、黑松、錦繡杜鵑、楓樹、光葉石楠）	馬醉木、玉簪花、蠟瓣花、南天竹、一葉蘭、棣棠花	砂蘚、玉龍草
22	成為公私領域緩衝的綠意	O-clinic ／ O-house	梣樹、野茉莉、垂絲衛矛、四照花、雞爪槭	吉祥草、山菊、狹葉十大功勞、珍珠繡線菊	砂蘚、玉龍草
23	打造群樹佇立的門庭之顏	TG Residence	連香樹、小羽團扇楓、光蠟樹、烏藥、腺齒越橘、小葉白筆、日本紫莖、日本山茶、澤八繡球、雞爪槭	具芒碎米莎草、吉祥草、玉簪花、金絲梅、十大功勞、棣棠花	
24	在街邊打造如原野般的庭院	志賀的光路	鵝耳櫪、青剛櫟、枹櫟、腺齒越橘、小葉白筆、日本山櫻、雞爪槭	山白竹、小隈笹、三葉杜鵑	草坪
c1	位於商店街的小森林	Yanagase forest project	梣樹、連香樹、枹櫟、長尾栲、山茶花、冬青、雞爪槭	吉祥草、胡枝子、水梔子、棣棠花	
c2	為復健而設的綠色步道	近石醫院	梣樹、野茉莉、連香樹、櫸樹、紫薇、長尾栲、加拿大唐棣、腺齒越橘、冬青、雙花木、四照花、雞爪槭、楊梅	馬醉木、冬紅短柱茶、玉簪花、蠟瓣花、阿里山溲疏、水梔子、狹葉十大功勞、毛胡枝子、日本紫珠、闊葉山麥冬、棣棠花、珍珠繡線菊	草坪
	織部商場 中庭		梣樹、垂絲衛矛、小葉白筆、雞爪槭	馬醉木、冬紅短柱茶、吉祥草、玉簪花、棣棠花	短肋羽蘚、檜葉金髮蘚、砂蘚、灰蘚

結語

學生時代的恩師曾教導我，庭院的設計不只是增添樹木，有時候是藉由減法達到整體的平衡；不只注意單一要素，更要讓處於同一個環境的個體建立彼此互讓的關係。從事造園設計的工作，很容易變得只專注在庭院，甚至把建築與庭院視為獨立的空間。但如果不將這兩者分割開來思考，而是視為同一個空間，自然就會看出如何讓樹木襯托建築之美。不論是庭園規劃設計，或是在現場種植樹木時，我所思考的經常是「庭院與建築的調和感」。

自從設立「園三」這間公司以來，雖然想追求體現恩師教誨的庭院設計，但也很容易變成熱切地投入造園現場，腦中想的只能是每天的工作。就在周而復始地重覆這樣的日子裡，某年年底學藝出版社的岩切江津子小姐問我是否願意出書，主題是與建築互相襯托的庭院設計。在跟岩切小姐的多次討論中，我腦中的想法也漸漸地被牽引出來，回想起來竟然已歷時五年，終於完成這本可說是逐步解構了「不知為何就是覺得好看」的造園之書。

從事造園設計的雙親曾立下「綠化世界」的宏觀夢想，由於自幼接受薰陶、在這樣的環境下成長，我也毅然決然地選擇庭園設計為志業。自從開始獨當一面，我相信即使只是一間住戶的庭院，多少也能改變街景，進而成為綠化世界的契機，以這樣的信念一路從事造園設計至今。富有綠意的景觀不只能讓人欣賞，還可以擴充生活領域，創造更生意盎然的「空間」，與時光並存。如果這樣的生活持續下去，世界上應該會有更豐富的綠意吧。在寫這本書時，回想過去跟屋主與建築師討論的情景，有時候很愉快、有時候也一邊反省一邊花去許多時間完成；雖然這本書不是全部，但是涵蓋了過去許多經驗與知識。誠心希望以這本書為契機，未來各位也能跟書中的屋主、建築師，以及設計庭院的我自己，共同推廣富有綠意的生活。

2020年8月田畑了（園三）

謝辭

首先我要向協助完成這本書的諸位業主、建築師表達由衷感謝。其次是每次幫助我實現造園設計的師傅工班，如果沒有各位，我所規劃的庭院不可能具體成型。還有整理書中龐大資料的工作人員，有勞各位了。另外，本書的推薦人永江朗先生、責任編輯岩切江津子小姐，真的很謝謝你們。

日本金獎景觀大師給你一住宅造園完全解剖書：
絕不失敗造園術！拆解24個與住宅對話的造園設計，體驗機能滿載的綠意空間構成心法

綠のデザイン 住まいと引き立てあう設計手法

作　　者	園三
譯　　者	嚴可婷
校　　對	吳小微
封面設計	白日設計
美術設計	詹淑娟
執行編輯	劉佳旻
責任編輯	詹雅蘭

行銷企劃	王綬晨、邱紹溢、蔡佳妘
總 編 輯	葛雅茜
發 行 人	蘇拾平

出　　版　原點出版 Uni-Books
　　　　　Facebook：Uni-Books 原點出版
　　　　　Email：uni-books@andbooks.com.tw
　　　　　台北市105401松山區復興北路333號11樓之4
　　　　　電話：（02）2718-2001　傳真：（02）2719-1308

發　　行　大雁文化事業股份有限公司
　　　　　台北市105401松山區復興北路333號11樓之4
　　　　　24小時傳真服務（02）2718-1258
　　　　　讀者服務信箱 Email: andbooks@andbooks.com.tw
　　　　　劃撥帳號：19983379
戶　　名　大雁文化事業股份有限公司

初版 1 刷　2022年3月　　初版 3 刷　2024年5月

定　　價　620元
ISBN　　978-626-7084-10-6（平裝）

大雁出版基地官網：www.andbooks.com.tw

國家圖書館出版品預行編目(CIP)資料

日本金獎景觀大師給你：住宅造園完全解剖書：絕
不失敗造園術!拆解24個與住宅對話的造園設計,體
驗機能滿載的綠意空間構成心法/園三著；嚴可婷譯.
-- 初版. -- 臺北市：原點出版：大雁文化事業股份有
限公司發行, 2022.03
200面；19x26公分
譯自：綠のデザイン住まいと引き立てあう設計手法
ISBN 978-626-7084-10-6(平裝)

1.CST: 庭園設計 2.CST: 造園設計

435.72　　　　　　　　　　　111003237